中华鱼生
科技创新

廖森泰　张业辉　苏志潜　主编

中国农业科学技术出版社

图书在版编目（CIP）数据

中华鱼生科技创新 / 廖森泰，张业辉，苏志潜主编. -- 北京：中国农业科学技术出版社，2025. 3. -- ISBN 978-7-5116-7353-4

Ⅰ. TS972.126

中国国家版本馆CIP数据核字第2025V10W67号

责任编辑　崔改泵
责任校对　李向荣
责任印制　姜义伟　王思文

出 版 者	中国农业科学技术出版社
	北京市中关村南大街12号　邮编：100081
电　　话	（010）82109194（编辑室）（010）82106624（发行部）
	（010）82109709（读者服务部）
网　　址	https://castp.caas.cn
经 销 者	各地新华书店
印 刷 者	北京地大彩印有限公司
开　　本	170 mm×240 mm　1/16
印　　张	10
字　　数	166千字
版　　次	2025年3月第1版　2025年3月第1次印刷
定　　价	60.00元

◄──◄ 版权所有·侵权必究 ►──►

《中华鱼生科技创新》编委会

主编： 廖森泰　　张业辉　　苏志潜

编委：（按姓氏笔画为序）

　　　　王福坚　　刘　俊　　刘伟峰

　　　　苏彩和　　张　宇　　周　芳

　　　　赵丹丹　　赵甜甜　　徐　赛

　　　　高国坚　　焦文娟

本专著得到
佛山市顺德区北滘镇政府
"顺德美食工业化研究院"
专项资金支持

前言

　　中华鱼生，起源于中国，有着3 000多年悠久的历史，在漫长的历史长河中，鱼生（脍）产生了丰富多彩的文化，是中国饮食文化的活化石。食用鱼生目前主要在两广地区，如广东顺德、广西横州，客家鱼生主要有广东龙川、五华、兴宁，福建宁化和江西信丰等，广东潮汕地区也有食鱼生的习惯。除此之外，黑龙江赫哲族还保留着传统的鱼生，而浙江温州则是把鱼生变成调味料。国外鱼生大多以海鱼或贝类为材料，如三文鱼、金枪鱼等生鱼片，其中最出名的是日本刺身、秘鲁柠檬腌生鱼、法国（鱼）鞑靼、北欧腌制三文鱼、夏威夷（鱼）盖饭和意大利生鱼片等。

　　鱼生因为是鲜食，没有经过加热，所以最大限度保持了营养和风味。但是，鱼虾也是寄生虫等有害生物的宿主。特别是华支睾吸虫（肝吸虫），在螺体内发育后可传染给鱼，鱼再传染给人，成为鱼生的重大卫生安全问题。

　　要防止鱼生受到寄生虫危害，必须从鱼的养殖到加工全链条防控。首先是建立淡水鱼生态绿色养殖体系，尽量控制寄生虫发生，为安全鱼生提供优质原料鱼。

　　速冻技术是一种有效的改善鱼肉冻结质量的方法，可以显著减少最大冰晶生成带的时间，降低残留水对细胞组织内部的危害和损伤，从而有效地降低冻结引起的鱼肉品质损失。作者团队经过多年研究，采用超低温冷冻技术成功地杀灭寄生虫囊蚴活性，又能保持鱼生的品质，构建了一套淡水鱼生安全技术体系，并在生产中推广应用。

本著作系统收集整理了我国鱼生的历史文化、国内外鱼生产业状况、水产寄生虫生物特性及其检测技术，以及作者团队在淡水鱼生超低温冷冻安全技术方面的研究成果，旨在让读者深度了解鱼生的基本知识，为安全食用鱼生提供科技支撑。由于著者收集资料不够全面、写作水平有限，难免有错漏之处，敬请读者多提宝贵意见。

编者

2025 年 1 月

目 录

第一章　鱼生历史和鱼生文化……………………………………1

　　第一节　中国吃鱼生的历史 …………………………………1
　　第二节　与鱼生相关的成语 …………………………………3
　　第三节　带"脍"的诗句 ……………………………………6
　　第四节　关于鱼生的故事 ……………………………………8

第二章　国内外鱼生简介…………………………………………12

　　第一节　顺德鱼生 ……………………………………………12
　　第二节　横州鱼生 ……………………………………………21
　　第三节　客家鱼生 ……………………………………………31
　　第四节　潮州鱼生 ……………………………………………32
　　第五节　国内其他鱼生 ………………………………………33
　　第六节　国外鱼生 ……………………………………………36

第三章　鱼生原材料………………………………………………40

　　第一节　海鱼贝 ………………………………………………40
　　第二节　淡水鱼生原料 ………………………………………41
　　第三节　虾生原料 ……………………………………………43
　　第四节　鱼生配料 ……………………………………………44

i

第四章　水产寄生虫与鱼生食用安全 …………………………… 48

- 第一节　水产寄生虫生物学 ………………………………… 48
- 第二节　水产寄生虫在水产动物体内的繁育 ……………… 54
- 第三节　水产寄生虫与人的健康 …………………………… 60
- 第四节　全球水产寄生虫防控措施 ………………………… 63

第五章　鱼类寄生虫智能无损检测方法研究 …………………… 70

- 第一节　基于光谱成像技术检测鱼类寄生虫背景与意义 … 70
- 第二节　整鱼华支睾吸虫无损检测 ………………………… 72
- 第三节　生鱼片中异尖线虫快速检测 ……………………… 81
- 第四节　小结与展望 ………………………………………… 89

第六章　低温技术在水产加工中的应用研究 …………………… 93

- 第一节　液氮速冻技术 ……………………………………… 93
- 第二节　不冻液冻结技术 …………………………………… 95
- 第三节　物理场辅助冻结技术 ……………………………… 95
- 第四节　低温快速微冻技术 ………………………………… 98
- 第五节　其他冻结技术 ……………………………………… 98

第七章　冷冻鱼肉保护液和包装材料 …………………………… 101

- 第一节　保护液对冷冻鱼肉的保质效果 …………………… 101
- 第二节　鱼柳包装材料保鲜效果 …………………………… 106

第八章　淡水鱼生超低温冷冻安全加工技术体系构建与应用 … 114

- 第一节　技术路线 …………………………………………… 114
- 第二节　淡水鱼的绿色养殖和寄生虫防控技术 …………… 115
- 第三节　鱼生中寄生虫囊蚴灭杀技术 ……………………… 121
- 第四节　鱼生的安全加工和品质稳定技术 ………………… 127
- 第五节　寄生虫囊蚴显微镜快速检测技术 ………………… 147
- 第六节　鱼生安全加工技术规程 …………………………… 149
- 第七节　鱼生安全加工技术的推广和应用 ………………… 150

第一章
鱼生历史和鱼生文化

鱼生，就是以生鲜的鱼贝，经切片处理，蘸调味料或拌佐料同食的菜肴，其起源于中国，有着 3 000 多年悠久的历史。在漫长的历史长河中，鱼生（脍）产生了丰富多彩的文化，有很多成语、诗词，也有不少故事，所以说鱼生是中国饮食文化的活化石。

第一节　中国吃鱼生的历史

中国鱼生的历史可以上溯到先秦时期，历经众多朝代，数度兴盛，形成了丰富的鱼生饮食文化，流传至今。

中国史书记载中的"脍"或"鲙"多是指鱼生，汉代许慎《说文解字》解释，脍是指细切肉，并不单指鱼脍，还包括羊脍、牛脍、鹿脍等，但到了后来，脍则多指鱼脍，甚至还出现了"鲙"字。《辞海》中，则将"脍"定义为"细切的肉丝，特指生食的鱼片"。

由古至今，人们喜食鱼生的原因：一是古代用火烹饪不方便，就地取材，生食简易快捷；二是鱼生新鲜清甜可口，从营养学角度说，生鱼片没有经过传统的炒、炸、蒸等烹饪方法，营养物质完全没有流失，是一道极富营养的菜肴。

中国最早食鱼生的文字，是出土青铜器"兮甲盘"的铭文。《诗经·小雅·六月》所咏："饮御诸友，炰鳖脍鲤。""炰鳖"就是烧甲鱼，"脍鲤"就是生鲤鱼。文中所说，就是周宣王五年（公元前 823 年），周师于彭衙（今陕西白水县内）迎击猃狁，胜利而归，大将尹吉甫私宴张仲及其他友人，主菜是烧甲鱼和生鲤鱼片。看来，在先秦时期，鱼脍是宴请重要人物的菜肴。

驴游记（旅游领域创作者）公众号，2020年9月4日的帖文对鱼生的描述最为详细，以下引用其对鱼生的一些描述。

东汉时鱼生已经成为流行食品，东汉应劭写了一本叫作《风俗通义》的书，专门收录了各地的风俗习惯和奇人奇事，其中一条是："祝阿不食生鱼"。祝阿即今天山东齐河县祝阿镇，作者认为这里的居民不吃鱼生，真是奇风异俗。

汉魏时期，食脍之风渐盛，鲈鱼脍名气极大，《三国志》也有关于吃鱼生的记录，包括曹操就曾亲自点名要吃松江的"鲈鱼脍"。东汉末年广陵太守陈登更是极爱吃鱼生，后来得了寄生虫病。华佗帮他治好了，后来因食鱼生再发病时华佗不在了，从而不治身亡，这大概是历史记载中第一位死于吃鱼生的人物。

南北朝时，出现金齑玉脍，此名称出现于北魏贾思勰所著《齐民要术》书中。在"八和齑"一节里，贾思勰详细地介绍了金齑的做法。上菜时，金齑、芥末酱及其他调料与生鱼片分别装碟，食者按自己的爱好自由选用。

汉魏六朝时期，人们普遍食用鱼脍，鱼脍也成为一种文化原型。西晋末年，吴郡（治所在今苏州市）人张翰在洛阳的司马冏齐王府中任职。晋惠帝太安元年秋天，正是司马冏权势高涨之时，张翰看到满天飞舞的黄叶，忽然想起正是家乡鲈鱼收获的季节，生鲈鱼片搭配莼菜羹下茭米饭的滋味何等鲜美，禁不住赋唱："秋风起兮木叶飞，吴江水兮鲈正肥。三千里兮家未归，恨难禁兮仰天悲。"唱罢，随即辞官回乡吃鲈脍解馋去了。不久，司马冏在皇族内斗中被杀，他的许多下属受到株连，张翰侥幸逃过一劫。秋风鲈脍自此成为一个典故，当有人思念故乡时，或憧憬自由自在的江湖生活时，或感觉仕途风波险恶有意急流勇退时，无论老家产不产鲈鱼，都使用这个典故。此后"莼鲈之思"这个成语便成为怀念故乡或思乡避世的代名词，被后世文人吟咏。

隋唐五代是鱼脍发展的繁荣时期，此时的斫脍技艺、鱼脍种类、鱼脍保存都值得一提。特别是隋代探究出了储存干鱼脍的技术。《太平广记》载有干鱼脍的制作流程。干鱼脍经过简单浸渍之后，色泽、味道、品相与鲜鱼脍相近，这一技术在鱼脍的食用史上具有重要意义。

明代李日华《紫桃轩杂缀》有一条讲到兴趣广泛、喜爱花鸟鱼虫的玩家祝翁，因不问生产，以致一贫如洗。他家中却藏有一部唐代烹调专著

《砍脍书》。文中详细描述切鱼生的刀和砧板,还有鲜鱼肉处理,特别是写到切鱼片的技法,有"小晃白""大晃白""舞梨花""柳叶缕""对翻蛱蝶""千丈线"等,切鱼生刀法和切出鱼片细薄,令人叹为观止!最后还讲到用豆豉和醋调味。

宋朝时食用鱼脍依然很普遍,文献中可吃的有名鱼脍达三十八种,如"鱼鳔二色脍""红丝水晶脍""鲜虾蹄子脍""鲫鱼脍""沙鱼脍""水母脍""三珍脍"等。

宋金是鱼脍延续发展时期。宋代文人也喜食鱼脍,苏轼和陆游的诗词中多有谈及。如苏轼的"欲脍湖中赤玉鳞"、陆游的"缕飞绿鲫脍"。《儒门事亲》是金朝的一部医学著作,详细记载了金朝贵族食鱼脍的方法。

元朝宫廷菜中也有鱼脍。《饮膳正要》卷一记载了"鱼脍"的食材和做法。此法是明代凉拌鱼脍的先声。

明清时期是食鱼脍的新变期。据文献记载,此时的鱼脍出现了用醋姜生拌的吃法。在延续古老吃法的同时,也出现了鱼生粥的新式吃法。

民国初期,岭南食鱼生的风气达到高潮。但是受民国中后期移风易俗和卫生问题频发的影响,民众食鱼生的风气也随之衰落。

改革开放后吃鱼生的方法渐次复兴,到二十世纪八九十年代达到高潮。目前,在顺德、潮州、五华、兴宁、龙川、横州等少部分地区依然有人坚持着这种古老的吃法。

纵观中国鱼生的历史,可以发现,我国鱼生历史悠久,自周朝起已有3 000多年历史,其中唐朝最为鼎盛。中国鱼生发源于中原(北方地区),慢慢传播到南方,但到近代,北方人食鱼生的习惯几乎消失了,而在南方得到传承和发展。

第二节　与鱼生相关的成语

中国3 000多年食鱼生的历史,衍生出丰富多彩的文化,成语典故、诗词文赋,说明鱼生与人们生活息息相关。

与鱼生相关的成语,多是与"脍炙"相关,如"脍炙人口",是一则来源于文人作品的成语,成语有关典故最早出自战国·孟轲《孟子·尽心下》。"脍炙人口"的原义是美味人人爱吃,比喻好的诗文受到人们的称赞和传颂。《礼记》中有："脍，春用葱，秋用芥。"《论语》中有对脍等食品"不得其酱不食"的记述，故先秦之时的生鱼脍当用加葱、芥的酱来调味。

关于成语"脍炙人口"出处的故事。据百度百科介绍，春秋时期，在大教育家孔子的门徒中，有鲁国南武城曾氏父子二人。父子二人都是孔子门徒中的佼佼者，而父亲曾晳更是当时读书人中淡泊名利向往优游生活的代表人物，他的这种志向曾经深得孔子的称赞。曾晳在饮食上有一种非常执着的嗜好，他尤其喜欢吃果实小而圆、色泽紫黑的羊枣。曾晳的这一嗜好给儿子曾参留下了深刻的印象。在曾晳过世之后，曾参因怀念父亲而悲痛万分，父子亲情终身萦怀，甚至曾晳生前爱吃的羊枣，曾参也不忍心吃一口。这件事情在当时曾被儒家弟子争相传颂，称赞曾参为孝子典范。到了战国时期，孟子的弟子公孙丑对这件事非常不理解，于是就去向自己的老师孟子请教，然后说道："老师，我来拜访您是因为有一件事情我始终不能想明白其中的缘由，特来向您请教。"孟子和颜悦色地对公孙丑说："你有疑惑就讲出来吧"。公孙丑说道："老师，您觉得脍炙和羊枣，哪一样更好吃呢？""当然是脍炙好吃，没有哪个人不爱吃脍炙的。"公孙丑又问："既然脍炙好吃，那么曾参和他的父亲也都是爱吃脍炙的人了，那为什么曾参不戒吃脍炙，只戒吃羊枣呢？这能说明他是有孝心的人吗？"孟子沉思了一下，耐心地解释道："精致的美味脍炙是大家都爱吃的一种食物，羊枣的滋味虽比不上脍炙那样好吃，但却是曾晳尤其爱吃的食物。所以曾参只戒吃羊枣，这是生怕引起痛思故父的难捺之情啊。就好比对长辈只忌讳叫名字，不忌讳称姓一样。人的姓氏会有相同的，但名字却是自己所独有的。"公孙丑听完孟子的这一席话，茅塞顿开，终于明白了曾参追思故父的一片孝心。成语寓意曾晳爱吃羊枣成癖，他去世后，其子曾参戒吃羊枣，以免睹物思人，招来感伤，足见其父子情深。

虽然古语"脍炙"常是指烤肉，但考虑当时民间吃鱼生普遍，所以"脍炙"就是说鱼生和烤肉，都是人们喜欢吃的东西。从这个故事中提炼出"脍炙人口"这个成语，用来比喻美味人人都爱吃，进而引申为好东西人人都称赞。

与鱼生相关的成语，还有"食不厌精，脍不厌细"。最早出自《论语·乡党》。"食不厌精,脍不厌细"指粮食舂得越精越好,生鱼片切得越细越好。形容食物要精制细作。"食不厌精,脍不厌细。食饐而餲,鱼馁而肉败,不食。色恶,不食。臭恶,不食。失饪,不食。不时,不食。割不正,不食。不得其酱,不食。"后世据此典故引申出成语"食不厌精,脍不厌细"。成语典故远在春秋战国时期,饮食文化就已经发展到相当高的水准,宫廷里能烹制"八珍"美食,饮食礼仪也制度化了。据《论语》记载,孔子吃饭,粮食舂得越精越好,肉切得越细越好。粮食陈旧了或变味了,鱼和肉不新鲜,不吃。食物的颜色变坏了,不吃。色泽味道不好,不吃。烹调不当,不吃。不时新的菜蔬,不吃。肉切得不方正,不吃。佐料放得不适当,不吃。席上的肉虽多,但吃的不超过米面的分量。酒可以随便喝,但不能喝醉。从集市上买来的酒和熟肉,不吃。每餐必须有姜,但也不多吃。成语寓意孔子还一贯重视个人修养,这种修养也无疑包括他对饮食文化的重视。在他看来,吃饭不仅仅是果腹之需,也能折射一个人的品位和待人之道。饮食的风格和规矩,能看出一个人的教养以及对待别人的态度。中国人讲吃,不仅仅是一日三餐、解渴充饥,它往往蕴含着中国人认识事物、理解事物的哲理。"吃"在表面上看是一种生理满足,但实际上"醉翁之意不在酒",它借吃这种形式表达了一种丰富的心理内涵,有时也包含食品安全,健康饮食的理念。吃的文化已经超越了"吃"的本身而获得了更为深刻的社会意义。精是对中华饮食文化的内在品质的概括,孔子说的:"食不厌精,脍不厌细。"反映了先民对于饮食的精品意识。当然,这可能仅仅局限于某些贵族阶层。但是,这种精品意识作为一种文化精神,却越来越广泛、越来越深入地渗透、贯彻到整个饮食活动过程中。选料、烹调、配伍乃至饮食环境,都体现着一个"精"字。同时,体现了中华饮食文化的审美特征。这种精美性,是指中国饮食活动形式与内容的完美统一,也是指它给人们所带来的审美愉悦和精神享受。

"莼羹鲈脍""炰鳖脍鲤"两个成语,前面已有介绍。与鱼生相关的成语,还有"流脍人口",意思是指诗文等被人广为传颂称美,"脍炙士林"是指在知识界享有美名。从这些成语可看出,在我国古代,脍是人人喜欢的食物。

第三节 带"脍"的诗句

带"脍"字的诗句很多,据刘运明整理,"脍"字开头的诗句有13首,"脍"字结尾的诗句有24首,"脍"字在中间的诗句有50首(刘运明《飞花令》,2023年1月18日)。以下为部分古诗句。

一、"脍"字开头的诗句

1. 脍长抽锦缕,藕脆削琼英。　　　　　　——[唐]白居易
2. 茶香飘此笋,脍缕落红鳞。　　　　　　——[唐]白居易
3. 炊稻视爨鼎,脍鲜闻操刀。　　　　　　——[唐]柳宗元
4. 脍缕轻似丝,香醅腻如职。　　　　　　——[唐]元　稹
5. 饔子左右挥双刀,脍飞金盘白雪高。　　——[唐]杜　甫
6. 脍成思我友,观乐忆吾僚。　　　　　　——[唐]韩　愈
7. 锵金铿玉千馀篇,脍吞炙嚼人口传。　　——[唐]齐　己
8. 妻孥恐怅望,脍炙不登坐。　　　　　　——[宋]苏　轼
9. 诗论多佳句,脍炙甘我嚼。　　　　　　——[北宋]黄庭坚
10. 汤饼煮成新兔美,脍齑捣罢绿橙香。　——[南宋]陆　游
11. 脍鲜鲫银丝,画舫萦回屿。　　　　　——[元]许有孚

二、"脍"字结尾的诗句

1. 鲜鲫银丝脍,香芹碧涧羹。　　　　　　——[唐]杜　甫
2. 莼羹与鲈脍,秋兴最宜长。　　　　　　——[唐]李　中
3. 何须一箸鲈鱼脍,始挂孤帆问钓矶。　　——[唐]吴　融
4. 巨缗东钓倘可期,与子共饱鲸鱼脍。　　——[唐]韩　愈
5. 非思鲈鱼脍,且弄五湖船。　　　　　　——[唐]李群玉
6. 裂饼羞豚脍,包鱼芰荷香。　　　　　　——[北宋]黄庭坚
7. 清醴足消忧,玉鲫行可脍。　　　　　　——[北宋]王安石
8. 鱼穿杨柳夸鲸脍,人采芙蓉学细腰。　　——[北宋]王安石

9. 病妻起斫银丝脍，稚子欢寻尺素书。　　　　——［宋］苏　轼
10. 运肘风生看斫脍，随刀雪落惊飞缕。　　　　——［宋］苏　轼
11. 且饱鲸鱼脍，风月过江南。　　　　　　　　——［宋］毛　滂
12. 玉楼胞鲈脍，雪阵狎沙鸥。　　　　　　　　——［宋］李昴英
13. 三尺鲈鱼真好脍，一瓢春酒宜闲饮。　　　　——［宋］胡　仔
14. 白屋釜生鱼，青楼行细脍。　　　　　　　　——［宋］罗与之
15. 赖有莼风堪斫脍，便无花月亦飞觞。　　　　——［南宋］文天祥
16. 尉曹堆盘笠泽脍，秀才泻榼中山春。　　　　——［南宋］陆　游
17. 大纲截江鱼可脍，高楼临路酒如油。　　　　——［南宋］陆　游
18. 野人尊俎有余欢，明月可批风可脍。　　　　——［元］刘敏中

三、"脍"字在中间的诗句

1. 绿蚁杯香嫩，红丝脍缕肥。　　　　　　　　——［唐］白居易
2. 何况江头鱼米贱，红脍黄橙香稻饭。　　　　——［唐］白居易
3. 良人玉勒乘骢马，侍女金盘脍鲤鱼。　　　　——［唐］王　维
4. 雕胡先晨炊，庖脍亦云至。　　　　　　　　——［唐］王　维
5. 情人来石上，鲜脍出江中。　　　　　　　　——［唐］杜　甫
6. 姜侯设脍当严冬，昨日今日皆天风。　　　　——［唐］杜　甫
7. 美人骋金错，纤手脍红鲜。　　　　　　　　——［唐］孟浩然
8. 小僮能脍鲤，少妾事莲舟。　　　　　　　　——［唐］丘　为
9. 拟脍楼兰肉，蓄怒时未扬。　　　　　　　　——［唐］孟　郊
10. 冬夜伤离在五溪，青鱼雪落脍橙荠。　　　——［唐］王昌龄
11. 庖霜脍玄鲫，淅玉炊香粳。　　　　　　　——［唐］韩　愈、孟　郊
12. 岚似屏风草似茵，草边时脍锦花鳞。　　　——［唐］徐　夤
13. 鲈鱼斫脍蔗为浆，恨君不留谁与尝。　　　——［北宋］黄庭坚
14. 雄文终脍炙，妙墨见垣墙。　　　　　　　——［北宋］黄庭坚
15. 喜逢门外白衣人，欲脍湖中赤玉鳞。　　　——［北宋］苏　轼
16. 金齑玉脍饭炊雪，海螯江柱初脱泉。　　　——［北宋］苏　轼
17. 正是莼丝鲈脍美，不妨乘兴五湖舟。　　　——［宋］蔡　戡
18. 鲈脍莼丝怀古里，梅花雪片送行舟。　　　——［宋］蔡　戡
19. 红脍斫来龙更美，白醪酤得旨兼醇。　　　——［宋］李　纲

20. 苊羹笋似稽山美，斫脍鱼如笠泽肥。　　　　——［南宋］陆　游
21. 玉脍齑中橙尚绿，彩猫糕上菊初黄。　　　　——［南宋］陆　游
22. 斫脍捣齑香满屋，雨窗唤起醉中眠。　　　　——［南宋］陆　游
23. 斫脍银丝细，开尊绿蚁香。　　　　　　　　——［元］李齐贤
24. 俎脍飞沉竹肉喧，侍郎十日敞清尊。　　　　——［清］龚自珍

第四节　关于鱼生的故事

一、慈禧太后与鱼生宴

据顺德档案史志介绍，在顺德均安的仓门村，坐落着一间梅庄欧阳公祠。该祠正中挂有一块金光灿灿的横匾，匾上写有沉稳厚重且雍容大气的"绍德堂"三字，这正是出自清代探花李文田手迹。若再细心察看，还会发现横匾上有三个印章，其中一个为钤首印，内容是"御赐味道之腴"。

话说当年李文田高中探花，随后留在京城当官。由于南人北地，饮食文化差异极大，时间一长，这位来自顺德的探花变得十分想念家乡的味道。其手下的仆人黄璋知晓此事后，就把自己在顺德任大厨的黄姓亲戚引荐到李府做家厨。这位大厨对鱼的烹饪技艺尤为高超，他的拿手绝活就是鱼生。潘祖荫、翁同龢等京里的大官都是李公家宴的座上宾，他们都被这道顺德美食所吸引，在品尝后纷纷赞不绝口。帝师翁同龢曾在日记中多次记述"鱼生甚妙，馀肴精美"之语。

在李文田的带动下，食鱼生在京城形成了一股不大不小的饮食潮流。"顺德鱼生有特色"不仅在京城里的士大夫间传开，连喜爱美食的慈禧太后也有所耳闻，下令要品尝一番。

不久，李文田带着家厨为慈禧太后准备一桌鱼生宴。慈禧太后在宁寿宫里听着李文田介绍鱼宴菜式里的故事，看着黄厨师叹为观止的绝妙刀工，品着"晶莹剔透、清凉冰爽、爽甜嫩滑"的顺德鱼生，大悦，宴后御笔题写"味道之腴"，并命人做成牌匾赐给李文田。

李文田生平历史文献中恩赐"味道之腴"牌匾的记录（图1-1）【档号：6-F1-2022-529-003】。李文田非常重视这个恩赐，除了择吉日把牌匾

挂起来外,还刻了"御赐味道之腴"的印章以作纪念,在其书法作品中作为"钤首印"。

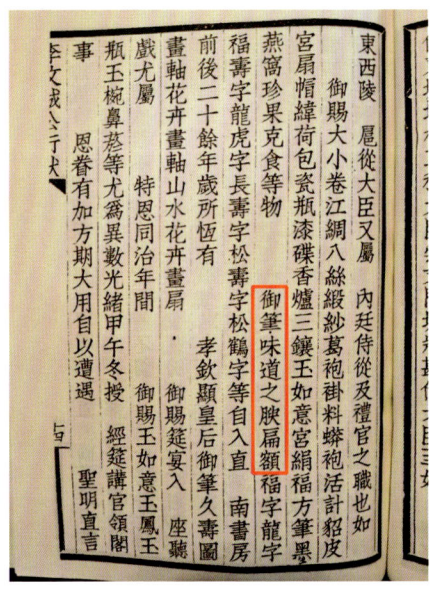

图 1-1 "味道之腴"牌匾的记录(李军辉供图)

二、鱼脍的友谊

据百度文库中的介绍,古代有一对好友,是孟子与樵子。孟子才华横溢,而樵子则生活贫困。一日,孟子邀请樵子至家中做客,准备了一顿丰盛的饭菜以表款待。当樵子踏入孟子家中,他被桌上琳琅满目的佳肴所吸引,其中一道便是鱼脍。

樵子酷爱吃鱼,然而眼前的鱼脍分量甚少且摆放位置颇高,难以触及。他心中虽有品尝之意,却又碍于面子,不好意思向孟子开口,孟子见状,心领神会,他拿起筷子夹起一小块鱼脍放入自己碗中,然后将剩下的部分递给樵子,并说道:"你尝尝这鱼脍我做得好不好,看看是否合胃口。"孟子此举,不仅解了樵子的尴尬,更让他深深感受到了友情的温暖与真挚。樵子接过孟子递来的鱼脍,吃得津津有味,心中充满了感激之情。他明白,孟子并非吝啬而未将全部鱼脍递给自己,而是顾及他的面子,用这种方式让他能够自然地品尝到这道美味。这个故事,不仅展现了孟子为朋友着想的品质，更传达了一个深刻的道理：真正的友谊是无私的，朋友之间应该互相关心、体谅和尊重。

鱼脍作为贯穿故事的焦点，不仅让人们品尝到了食物的鲜美，更成为这段友谊的见证。它告诉我们，在人生的旅途中，能够拥有一位懂你、理解你、为你着想的朋友，是何等的幸运与珍贵。

三、捞鱼生

据炎黄风俗网介绍，捞鱼生也被称为"捞生""鱼生"。捞鱼生在马来西亚的农历新年非常受欢迎，是马来西亚和新加坡华人独特的庆祝新年的方式。捞鱼生是一道带有吉祥意味，祈求来年好运、发大财的菜式。以前的马来西亚华人，都是在大年初七，人日这一天，聚合一家大小，进行捞鱼生的仪式。现今过年前市场就已经推出捞鱼生，捞鱼生的活动可以持续到元宵节。

捞鱼生以生鱼条或三文鱼等可以生吃的鱼肉条为主食材，搭配腌姜丝和各种有颜色的蔬菜丝及水果丝，如青红椒、西芹、红白萝卜丝及柚子肉等。一堆堆蔬菜丝，七彩缤纷，色泽诱人，预先排列在一个大圆盘上，然后撒上白芝麻、花生碎、五香粉及胡椒粉等。围在圆桌的家人（或朋友、同事等），要举筷子进行"捞生"时，再淋上特制的酱汁（通常含有麦芽糖及酸柑汁等）。由一个人发号施令，大家就开始用筷子将大圆盘中的各式材料高高地夹起，一边夹高还要一边以广东话说："捞起（捞喜）！捞起（捞喜）！捞到风生水起，一年好过一年！"把鱼生盘中的材料夹得越高，来年就会赚得越多，在新的一年实现心愿。当然，也有很多人会说各式各样的贺年词句，如万事如意、一帆风顺等。也不一定都说广东话。小孩子可以站在椅子上，和大人一起进行"捞生"。

捞鱼生的来源说法不一。捞鱼生在马来西亚被归类为广东菜，但是，过年时广东人一般是不吃鱼生的。一个比较可信的说法是，在人日当天，古人以七种菜为羹，作为七日的象征。七彩羹源自六朝时代，也是七彩鱼生的出处。吃了由七种蔬菜煮成的食物之后，意味着春节告一段落，从正月初八开始，每个人得脚踏实地过日子。七种菜包含了各种好意头的蔬菜，各有兆头，取其谐音。芹菜是"勤"，吃了蒜就会"算"，芫菜是"缘"，吃鱼则是年年有"馀"等。

食顺德鱼生，你肯定听过"捞起"，但"捞起"的讲究你知道吗？其实，在广东顺德捞鱼生的吃法很普遍。据考，唐代有叫"风生水起"的吃鱼生方法，即把生鱼片与多种配料放入一口大钵内，食者合力拌匀，然后齐呼"捞得风生水起！"最后分而食之。

捞鱼生的一些步骤与说法如下。

一捞：年年有余——放鱼片；

二捞：荣华富贵——放芝麻、花生；

三捞：满地黄金——放薄脆片；

四捞：甜甜蜜蜜——放酱汁；

五捞：大吉大利——放橘子汁；

六捞：青春常驻——放肉桂粉；

七捞：鸿运当头——放胡椒粉

……

举行捞鱼生时，大家用筷子将盘中菜肴高高举起，一边夹高一边说着"捞起，捞起"的吉祥话，把盘内的菜肴夹得越高，象征来年赚得越多、心想事成、风生水起！

第二章
国内外鱼生简介

中国鱼生有几千年历史，由北方传至南方。目前主要在两广地区，如广东顺德、广西横州，客家鱼生主要有广东龙川、五华、兴宁，福建宁化，江西信丰等，广东潮汕地区也有食鱼生的习惯。除此之外，黑龙江赫哲族还保留着传统的鱼生，而浙江温州则是把鱼生变成调味料。国外鱼生大多以海鱼、贝类为材料，如三文鱼、金枪鱼等生鱼片，其中最出名的是日本刺身、秘鲁柠檬腌生鱼、法国（鱼）鞑靼、北欧腌制三文鱼、夏威夷（鱼）盖饭和意大利生鱼片等。

第一节　顺德鱼生

顺德是"南越之雄"吕嘉的故乡，对于南越食俗传承最多，顺德又是广东塘鱼的重要产区，食鱼生的习俗在顺德至今已有数百年的历史。香港美食掌故专家陈梦因先生以"誉满中外"来评价顺德鱼生，他说顺德鱼生还影响到太平洋彼岸的华侨社会。《粤厨宝典·候镬篇》更把顺德鱼生与日本刺身并列为当今世界两大食生流派。顺德鱼生现在是"高档美食"的代名词，但追溯历史，鱼生其实是古时勤劳的顺德人劳作时的"即时快餐"，只是经过多年演变，昔日的"快餐"今已成为摆放精致、有花型之美的新名菜。

顺德鱼生的文化特性，要从桑基鱼塘说起。桑基鱼塘以草鱼为主要养殖鱼类，造就了顺德草鱼鱼生；丰富的草鱼资源，使顺德鱼生成为高贵的平民美食；遵循桑基鱼塘生态理念，养出高品质安全鱼生专用鱼；养蚕专用切桑刀，成为薄如蝉翼的顺德鱼生的厨房神器；桑基鱼塘的物尽其用理念，催生出顺德鱼生的全鱼利用。

顺德鱼生的特点首先是选料大众但讲究品质。跟日本刺身相比，顺德鱼生比较大众，所选食材多为淡水鱼，买回来后先放在清水饿养几天，以消耗体内脂肪，令鱼肉实甘爽。放血：杀鱼时在鱼下颌处和尾部各割一刀，然后放回水中让鱼在游动中放血，了无淤血的鱼片便洁白如雪，晶莹剔透（图2-1）。鱼片切好之后要再冷冻一会，鱼生才会爽滑和有甜味。配料丰富：配料可多至十九种，包括炸米粉丝、炸芋丝、炸麻花、柠檬丝、京葱白、姜丝、萝卜丝、尖椒丝、朝天椒、榄角碎、酸藠头、生蒜片、花生、芝麻、白砂糖、白醋、花生油、盐、胡椒粉。食味融合：顺德鱼生日益与日本刺身相融合，将鱼片蘸日本寿司专用香油、日本青芥末、日本酱油，让辛辣直冲鼻翼，鲜美盘旋舌尖（图2-2、图2-3）。全鱼食用：顺德鱼生全鱼各部位均可食用，除了鱼脊肉切片做鱼生外，鱼皮可凉拌或煎酿，鱼骨腩煎焗或豉汁蒸，鱼瘦肉（红色部分）煲粥或炒粉。

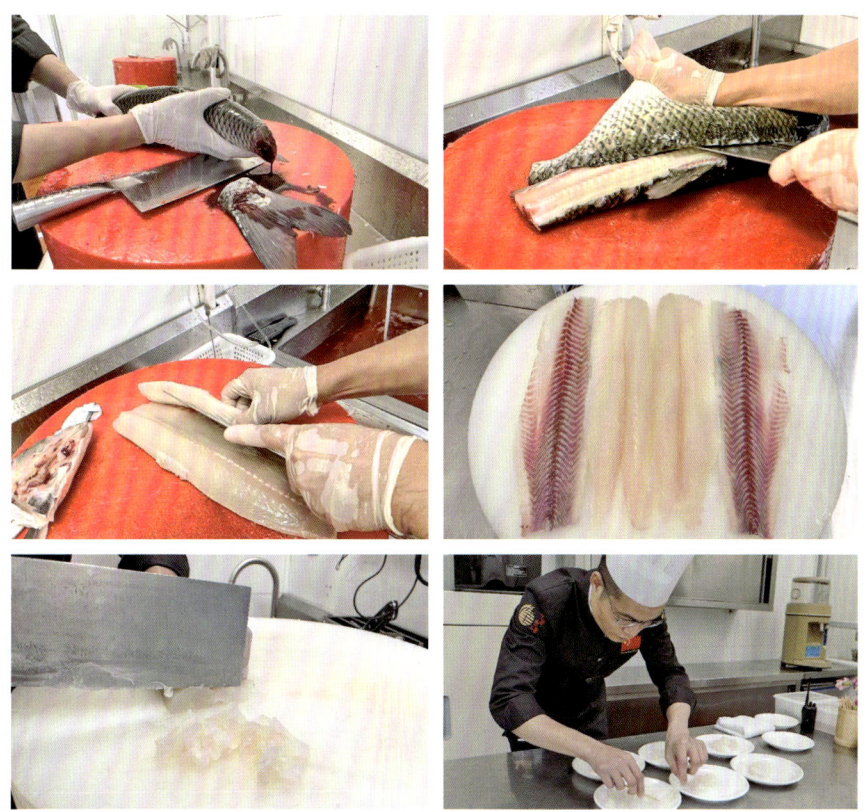

图2-1　顺德鱼生制作

图 2-2　顺德鱼生常规摆盘（张宇　供图）

图 2-3　顺德鱼生风生水起摆盘（张宇　供图）

顺德人喜吃鱼生，俗语"鱼生狗肉，不请自来"，描述顺德民间把食鱼生和狗肉视为乐事（目前吃狗肉的不多了！）。顺德人冬至喜吃鱼生，顺德学者李健明道出"真相"称，"从上古时代原始人心理学来说，吃生食是为了从别的生命中获取生命力，这个习俗也在一定程度上在顺德保留至今。"每年初一或人日（农历正月初七），捞鱼生的风气在顺德和海外很普遍，顺德菜馆或非卖顺德菜的菜馆此时也都卖顺德鱼生，一直卖到上元节（农历正月十五）。

顺德鱼生产业，近年从技术标准规范、美食文化到制作工艺都有了新的发展。

早在 2019 年，顺德区市场监管局就出台了《顺德鱼生全产业链技术规范》团体标准，对鱼生食材进行标准化规范化管理。该标准对产业链中各环节的食品安全和品质管控进行了有效规范。对鱼生专用鲩鱼的养殖标准、品质要求、运输配送、吊水暂养、食品加工、食品安全与卫生、全链条追溯服务规范等方面都做了详细的规定，明确了鱼生食材管控标准，填补了鱼生食材的监管空白，为顺德鱼生构筑了全链条的食品安全保障。

据顺德区市场监督管理局技术审查中心主任张宇介绍，为了使鱼生全链条管理更加详尽和规范，2024年12月26日，《顺德鱼生全链条管理规范》系列团体标准（以下简称"团体标准"）发布，对顺德鱼生进行源头养殖、运输配送、加工制作、卫生管理、餐饮服务、评价认定全流程有效管理。此次出台的团体标准对此前的鱼生标准进行了拓展与深化，着力解决高风险食品存在的原材料养殖供应与餐饮服务加工脱节、行业监督管理与行业自律管理脱节两大难点，进一步强化了全链条管控，降低食品安全风险。

（一）《顺德鱼生全链条管理规范》系列团体标准各部分标准重点内容解读

《顺德鱼生全链条管理规范　第1部分：养殖技术》

（1）对养殖场的选址、设计与布局提出如下要求：规定养殖场应远离居民生活区；办公场所与养殖区保持适当距离；不应在池塘上或池塘边建厕所；防止哺乳动物与禽类等进入养殖场等，从源头上防止华支睾吸虫传入，进一步完善华支睾吸虫的防控。

（2）对鱼种提出如下要求：规定采购鱼苗需索取并保留检疫证明、华支睾吸虫检测报告。规定采购半成品鱼的，养殖场还应对半成品鱼供应单位进行养殖标准符合性评价。首次提出采购鱼苗查验华支睾吸虫检测报告要求，并对半成品鱼供应单位进行规范。

（3）对养殖过程防治（消毒、灭螺）提出如下要求：规定养殖前池塘清整消毒要求，提出了具体消毒方法；规定养殖过程中灭螺要求，包括：放养前灭螺、放养过程混养青鱼以及定期检查螺生长情况。

（4）对净化提出如下要求：规定净化池设计要求，净化时间要求，以及净化后鱼的内脏占比要求。

（5）对人员管理提出如下要求：规定养殖场员工（包括办公人员、养殖人员）需按要求每年进行华支睾吸虫病等寄生虫指标的健康检查，并应熟知华支睾吸虫等疾病的预防知识。

《顺德鱼生全链条管理规范　第 2 部分：供应链管理》

（1）对养殖单位提出如下要求：规定养殖单位建立追溯系统，做到全过程记录。供货时还需要有专用标识，并提供包括寄生虫指标的产品合格证明。

（2）对餐饮单位提出如下要求：规定餐饮单位需要对供应商进行评价，与经评价合格的养殖单位签订供货协议，明确各自的食品安全责任和义务，进货查验时还需查验产品合格证明、专用标识牌。

（3）对行业管理提出如下要求：明确团体标准归口单位负责建立行业自律管理制度。提出归口单位应定期收集养殖单位供货信息、抽查餐饮单位使用信息，保障全链条管理的有效执行。

《顺德鱼生全链条管理规范　第 3 部分：加工场所及卫生要求》

（1）对设计与布局提出如下要求：明确鱼生加工场所（包括专用暂养水池、前处理专用操作场所、鱼生加工专间以及预进间）的设计与布局原则，并提供参考图，明确最低面积要求（15 m^2）。

（2）对设施与设备提出如下要求：列举出适用于顺德鱼生加工的具体设施设备清单。

（3）对卫生管理提出如下要求：列举出顺德鱼生加工过程卫生注意事项，将国家标准、规范指引与鱼生操作流程相结合。

《顺德鱼生全链条管理规范　第 4 部分：制作技艺》

对工艺流程、工艺要求提出如下要求：详细总结顺德鱼生制作的工艺流程。首次详细列出：放血、去鳞、剖腹、起骨、去皮、清洗、冰镇（或不冰镇）、去红肉、切片、配菜、摆盘的工艺要求。以标准形式总结顺德鱼生工艺要求。

《顺德鱼生全链条管理规范　第 5 部分：餐饮服务》

对餐饮提供提出如下要求：结合顺德鱼生传统饮食文化，规定了顺德鱼生的点餐服务、用餐服务及食用方法。总结行内先进鱼生专门店餐饮服务经验，统一餐饮提供过程向客人介绍顺德鱼生传统饮食文化的要求。

《顺德鱼生全链条管理规范　第 6 部分：评价认定》

对评价认定提出如下要求：明确评价认定模式为"现场检查＋产品抽

样检测+获证后监督检查"。明确评价认定的总原则及流程，明确全链条相关单位和行业协会的职责分工，明确评价认定要求。

《顺德鱼生标准化示范单位（养殖基地）评价认定规范》

对养殖基地评价认定提出如下要求：明确"顺德鱼生标准化示范单位（养殖基地）"评价依据、评价机构及人员、评价认定模式、评价认定程序。明确"顺德鱼生标准化示范单位（养殖基地）"评价评分表，将相关要求形成标准。

《顺德鱼生标准化示范单位（餐饮单位）评价认定规范》

对餐饮单位评价认定规范提出如下要求：明确"顺德鱼生标准化示范单位（餐饮单位）"评价依据、评价机构及人员、评价认定模式、评价认定程序。明确"顺德鱼生标准化示范单位（餐饮单位）"评价评分表，将相关要求形成标准。

《顺德鱼生制作师职业技能培训考核规范》

对培训考核规范提出如下要求：明确了顺德鱼生制作师的培训考核机构、报考条件、培训内容、培训实施、考核管理、证书管理、评价与改进，将相关要求形成标准。

（二）标准的编写原则

（1）先进性。通过建立标准化、直观性、通用性的规范性指南，有效填补了顺德鱼生这一高风险美食全过程管理的空白。采用目前国际上先进的标准制定方式，即用系列标准的设计，做到各环节既有机结合，又有各自侧重点，做到精准化管理的标准要求。

（2）科学性。本系列团体标准执行国家及地方有关法律法规和强制性标准，如：《中华人民共和国食品安全法》《餐饮服务食品安全操作规范》《动物性水产品》等；同时，在对广东省全省顺德鱼生全链条企业实地调研、访问座谈、问卷调查的基础上，并研究参考全国各地生食类食品规范管理相关标准内容进行编写，确保了标准的科学性。

（3）实用性。本标准在遵循法律法规要求前提下，充分考虑顺德鱼生这一美食品牌行业发展蓬勃、社会需求强劲的现状，针对其地域特点和文化特色饮食习惯，提出可操作性规范指南。同时，为推动实施上述6部分"评价认定"，首创性地提出养殖基地评价认定规范、餐饮服务单位评价认定规范、顺德鱼生制作师职业技能培训考核规范共三份配套标准，明确准入及退出机制，对养殖基地、餐饮服务单位、行业协会和监管单位均有很好的指导作用，具有显著的社会意义。

团体标准创新性地将行业协会纳入全链条管理中，通过标准化手段将养殖场、供应链以及餐饮店有机结合起来，涵盖了养殖技术、供应链管理、加工场所及卫生要求、制作技艺、餐饮服务、评价认定等环节，明确了顺德鱼生标准化示范单位养殖基地和餐饮单位的管理要求，以及顺德鱼生制作师职业技能培训考核规范，构建起科学合理的顺德鱼生全链条质量管理体系，实现源头可控、全程可溯、信息公开的现代化管理模式，全面提高顺德鱼生质量安全水平。

在养殖技术方面，团体标准首次增加采购鱼苗需查验、保留华支睾吸虫检测报告的要求，首次规定养殖场应对半成品鱼供应单位进行养殖标准符合性评价；在制作工艺方面，首次以标准形式总结顺德鱼生制作的工艺流程；在评价认定方面，首次明确全链条相关单位和行业协会的职责分工，将评价认定模式细分为"现场查验＋产品抽样检测＋获证后监督检查"。

（三）顺德鱼生推广活动

举办鱼生文化节宴。顺德鱼生是承载"世界美食之都"品牌的知名美食文化符号。作为中华美食名镇，顺德容桂镇美食荟萃，擅长制作鱼生的餐饮店比比皆是。2023年，响应顺德"寻味顺德再出发"系列工程，齐心协力进一步弘扬顺德美食，容桂镇精心策划推出"六大节"美食项目，顺德鱼生节就是其中一项。容桂镇计划通过造节，把鱼生打造为容桂著名美食，这既是对传统美食的有力传承，亦能进一步助推容桂餐饮业的蓬勃发展，持续擦亮"世界美食之都·顺德""中华美食名镇·容桂"的闪亮名片。2023年7月28日，容桂镇举行2023年"顺德鱼生节"系列活动启动仪式品鉴宴，同步举行顺德鱼生研讨会（图2-4），发布顺德鱼生宣传视频以及"鱼生特色宴""风生水起宴"。现场还颁发第一批"顺德鱼生标准餐饮示范单位"，并进行鱼生摆盘创意评选。

第二章 国内外鱼生简介

图 2-4　2023 年"顺德鱼生节"研讨会（罗兆波　供图）

2024 年 8 月 16 日，2024 年顺德鱼生节首秀的"风生水起宴"在佛山市顺德区容桂龙悦湾酒家举行（图 2-5）。现场筵开 60 席，13 道菜品与丰富节目相伴，带来"视觉＋味觉"双重盛宴。

图 2-5　第二届顺德鱼生节（罗兆波　供图）

晚宴开始前，一场"蒙眼切鱼生"的精彩表演让席上宾客叹为观止（图 2-6）。随后，60 盏非遗鱼灯缓缓游曳入场，恰似鱼儿游进江河，栩栩如生。而"捞起捞起，风生水起"的仪式更是将现场气氛推向了高潮，食客们共同起筷捞起顺德鱼生，满含着对美好生活的热切憧憬。

图 2-6　蒙眼切鱼生（罗兆波　供图）

据介绍，"风生水起"晚宴菜品共有 13 道，其中主打菜品是"风生水起"与"蓝鳍金枪鱼拼冰镇鲍鱼"连同"风味八阵图"联动。作为本年度鱼生节的代表符号，"风味八阵图"由盐阵、油阵、酱阵的"三味阵"，加上鲜料阵、腌料阵、炸料阵组成的"三料阵"，再佐以酒阵＋饮品阵的"饮阵"组成的"风味八阵图"，食客可以根据自身喜好搭配享用，感受顺德鱼生的多样吃法与鲜美口感。

值得一提的是鱼生技能大赛。"捞德顺"鱼生杯技能大赛由广东捞德顺餐饮管理有限公司主办，顺德职业技术学院烹饪学院承办。首届大赛于 2022 年 6 月 28 日举行。举办"粤菜师傅"鱼生技能大赛，旨在推动产教融合、校企合作，共同打造"粤菜师傅"精英人才，促进"以赛促教、以赛促学、以赛促改"的校企协同育人模式改革，不断提高人才培养质量，实现学生供给侧与企业需求侧无缝对接，促进学生高质量就业。

2023 年 5 月 10 日，第二届鱼生技能大赛由生生农业集团、广东捞德顺餐饮管理有限公司和顺德职业技术学院烹饪学院联合举办，以赛前教学、知识培训、技能比赛的方式，推动产教融合、校企合作，共同传承和推广鱼生文化。

2024 年 5 月 22 日，第三届"捞德顺"杯鱼生技能大赛，由顺德职业技术学院烹饪学院与冯氏南国餐饮集团联合主办。本次比赛以"三地（顺德、中山、潮州）＋六校（顺德职业技术学院、顺德梁銶琚职业技术学校、顺德区李伟强职业技术学校、顺德中等专业学校、中山市现代职业技术学校、韩山师范学院)"的模式，囊括了广东的两个世界美食之都的六所高校，形成了"中职-高职-本科"为一体的"中高本"协调培养的新局面，以此推动顺德鱼生传承和发展。本届鱼生技能大赛，冯氏南国餐饮集团副总裁冯俊杰创作了"一口鱼生"，突破了吃鱼生就要组队的传统概念，以脆盏托底，先放入各种配料，再铺叠上薄如蝉翼的鱼生，精致的造型带来观感、质感、美感的多重享受，食用时连同脆盏一口吃下去，即可尝鱼生独有的鲜、爽、甜，既不会浪费食材，更不会有吃不完的负担，还满足了年轻消费群体打卡拍照的需求。

顺德鱼生不断创新，最近又研制了水晶鱼生。水晶鱼生选择按顺德政府部门出台的鱼生标准化养殖的鲩鱼，经过高山流水水晶池的冲击扣养，水晶鱼生房的加工赋能，以及原石水晶盆的压轴添彩再上桌奉客（图2-7）。

图2-7 水晶鱼生（梁子刚 供图）

第二节　横州鱼生

横州鱼生历史源远流长，据清代乾隆年间《横州志》记载，几千年前生活在横州郁江两岸的先民已开始食用鱼生。明代进士周孟中于弘治元年（公元1488年）出任广西提学副史，在游历南宁的途中，曾以"鲶切银丝缩顿鯿，景物于斯亦佳处，甲科何患少登贤。"赞叹横州鱼生形色之精妙。据称，从此把鱼生称为"横切"，也是周大官人的一大发明（引自网络上横县鱼生相关介绍）。2010年南宁市政府已将"横州鱼生"列为第三批南宁市非物质文化遗产保护名录。横州鱼生俗称两片，是著名的地方传统佳肴。历来被横州人称作"市菜"，它代表着横州的烹饪技术和饮食文化的最高水准、接待客人的最高规格（图2-8）。在南宁，乃至整个岭南地区，熟悉横州的人都把鱼生与横州等同在一起，称横州为鱼生、称鱼生为横州。2018年9月，被评为"中国菜"之广西十大经典名菜。

图2-8　横州鱼生

横州鱼生的特点是"种、劲、白、薄、厚、鲜"六个字。"种"就是选好鱼的品种：花鱼（乌鳢）、青竹鱼、桂花鱼（鳜鱼）、草鱼、鲤鱼、鲮鱼等都可加工鱼生，唯以肥厚肉甜脆少刺的野生花鱼（乌鳢）为最好，青竹鱼次之。如是半淡半咸鱼类做鱼生最好的为三文鱼（鲑鱼），如是咸水鱼类做鱼生最好的为蓝鳍金枪鱼（鲔鱼）。"劲"就是鱼肉要结实强劲，有嚼头。鱼的肌肉质量对鱼生而言至为关键，它决定鱼肉口感。鱼肉强劲，则口舌生津，越嚼越有味道。若鱼肉羸弱如败絮，则无法体会到咀嚼的快感，自然味如嚼蜡。一般鱼生，用的是池塘圈养的池鱼，活力不足，口感差了很多。横州鱼生，选用的都是产自郁江的原生态活鱼。郁江是横州的主流水系，水流湍急、冲击力大，所产鲜鱼尾部肌肉特别发达，口感自然最好。所以一定要选择肌肉结实强劲者为最佳。综合以上两点，产自郁江的野生花鱼（乌鳢）和青竹鱼自然是鱼生中的佳品。"白"就是鱼肉莹白如雪、玲珑可观，鱼肉的肌肤纹理，纤毫毕现。要白就要把血放干净，最佳者割腮，割腮后继续放入水中，这样鱼不会马上死去而是在水中放血，几分钟后，血尽鱼亡，鱼肉就会莹白如雪，玉色逼人。也可以斩尾，让鱼血自然滴落，但肉色白不过割腮，稍逊。"薄"即鱼片要切得薄如蝉翼，才容易入味。要想切薄片，须准备一把极快的刀，左手拇指、食指压住鱼肉，右手把刀，刀与鱼肉呈45°夹角，刃面朝向砧板，看准部位，一刀斜切，片羽滑落，可得薄片。展开一看，薄可见字，上品，不见字者，下品。铺入盘中，犹如飞舞的蝴蝶，又如绽开的花朵，引人遐想翩翩，极具美感。"厚"就是调料的种类一定要丰富厚重，才能压住腥味，才能体会到鱼生的鲜美可口。葱姜蒜末、头菜、鱼生菜、辣椒油、盐、酱、醋是必不可少的基本配料，横州鱼生更在这些基础上加入横州独特的木瓜丁、柠檬、柠檬叶、洋葱、辣丁根、芋头丝等二十多种，再配上横州本地花生油、生抽酱油、胡椒粉总共三十多种生鲜猛料，共同陶冶鱼生片。"鲜"就是鱼要鲜活，材料要新鲜。夹一大把生鲜猛料，包一片鱼生，放入口中，香辣酸鲜，浓香冲鼻，嗅觉极度震撼，味蕾大受刺激，顿时口舌生津。（爱上非遗：透如碧玉薄如翼，鱼脍爽口好滋味·人民科技，2022-10-30）

目前，横县鱼生（因标准制定时，横县未改名为横州，与横州鱼生标准相关时称谓仍为横县鱼生）制作技术规范制列入广西地方标准，以标准为抓手，统一规范横县鱼生制作场所要求、制作设备及工器具要求、专用物品要求、原辅料要求、制作技术、存放与外送要求，用标准化和规范化更好地保持其独特的风味，控制产品质量，对提升鱼生制作的饮食安全质量水平，提高接待贵客、宾朋的品尝、欣赏的吸引力，增加企业收入，提高饮食业经济效益，进而推动横县鱼生"县菜"产品的发展、制作技术水平及品质要求的提升，以及对传承横县鱼生制作技巧的历史文化代代相传和构建广西特色产品品牌有着极其深远的意义。

为了让大家深入了解。以下全文附上广西壮族自治区市场监管局原二级巡视员苏彩和的美文。

全国首个地方标准：鱼生加工制作规范的前世今生

引 言

在八桂这片充满民族风情与美食文化的土地上，广西横县（2021年由横县更名为横州市，现为南宁市代管的县级市）鱼生以其独特的制作工艺和鲜美的口感，成为无数食客心中的美食瑰宝。作为一名与横县鱼生有着不解之缘的标准化工作者，我深感有责任将这份传统技艺的历史与现状、传承与创新、规范与标准记录下来，让更多人了解并爱上这道承载着地方记忆与文化底蕴的美食。应国务院特殊津贴获得者、广东顺德美食工业化研究院院长廖森泰的邀请，将隐藏不为人知的横县鱼生加工的"前世今生"共享一下，尤其是我亲历了制作规范标准制定和演变的全过程。这段经历让我深感责任重大，也引发了诸多思考。

一、初识横县鱼生

2010年1月，我轮岗到广西壮族自治区市场监管局标准化处任处长，部门内有一位横县籍同事经常炫耀并推荐家乡一道美食，即当地聚会常品鉴的美味，更不用说每当逢年过节或重要宴会，当地人都会用鱼生来招待亲朋好友，以此表达热情和祝福——鱼生片。早就听闻横县鱼生制作精细、口感独特，我已心生向往。他带我走进儿时玩伴经营的小餐馆，我满心好奇地期待着即将呈现在我眼前的美食。

当一盘色彩斑斓、晶莹剔透的鱼生摆到面前时，我瞬间被它的美丽所震撼。鱼生极薄，几乎能透过鱼片看到盘底的纹路，每一片都如同精心雕琢的艺术品。搭配着五颜六色的佐料，如鱼腥草、薄荷叶、柠檬、紫苏、海草、生姜丝、红萝卜丝、酸橘、大蒜、酸姜等，让人一眼望去便食欲大增。我小心翼翼地夹起一片鱼生裹上配料，放入口中。那一刻，各种味道在口腔中交织、碰撞，鱼肉本身的鲜美与佐料的香辣完美结合，带来了一种前所未有的味觉体验，鱼肉的嫩滑与佐料的脆爽相互映衬，使每一口都充满了层次感。品尝着这道横县美食，不仅仅是味觉的享受，更是地域文化的体现。

实际上横县鱼生以其独特的制作技艺和口感，展现当地老百姓的智慧与匠心。而我，也在这一刻，与横县鱼生结下了不解之缘。我马上找来一本1989年版的县志查阅。据史料记载，横州地区鱼生制作技艺源自两千多年前的岭南地区。吃鱼生的历史"始于秦汉，兴于唐宋"。明清时期，横州（当时已有横州的称谓）就已经形成了制作鱼生的规模传统。但那时的鱼生制作相对简单，主要是将新鲜的鱼肉切成薄片，搭配一些简单的调料食用。随着时间的推移，横县鱼生的制作工艺逐渐完善，形成了今天让人垂涎欲滴、难以忘怀的独特风味。

新鲜鱼肉含有人体必需的多种氨基酸、维生素 D、维生素 B_2（核黄素）、维生素 B_{12}、钙、磷、铁、锌和硒等多种微量元素和矿物质。此外，鱼肉中的不饱和脂肪酸如 Omega-3 脂肪酸对心脑健康非常有益。在确保食材新鲜安全的前提下，鱼肉生食可以尽可能多地保存上述营养物质，并且口感更鲜美。因而横县鱼生被评为"中国菜"之广西十大经典名菜之一。众多品尝过的人对它都有这么一句评价："不吃鱼生，不知鱼味，吃完鱼生，百鱼无味。"

二、横县鱼生加工标准萌芽

2016年5月，新上任的广西阳朔县委主要领导盛邀我们考察指导当地标准化工作，实际是给我们"派发"棘手任务。见面后她告诉我们，到如诗如画的阳朔走马上任后，竟然遇上投诉最多的是舌尖上的问题。慕名而来的中外游客对当地传说美食啤酒鱼不敢恭维，迫切需要用统一标准固化并持续优化。当时我们感到有些犯难，因为食品许可证和食品安全管理均属于别的行政机构负责。怎么办呢？我们依据《中华人民共和国标准化法》和地方管理条例，经过集思广益，苦战一年多时间，于2017年7月在桂林阳朔发布《阳朔啤酒鱼制作技术规程》地方标准，新闻单位纷纷报道。

我在阳朔参加发布会还没结束，又被催促赶回区局办公室，看见横县一位领导神情焦虑地在等候。他开口说尽管横县鱼生声名鹊起了，对当地的消费、文旅、招商引资都产生了明显的拉动效应，但加工制作过程中的食品质量安全问题也逐渐凸显出来，非常需要制定标准来为鱼生保驾护航。作为一位长期从事标准化工作的探索者，我深知横县鱼生不仅仅是一道菜，更是横县人民智慧的结晶，是地方文化的一张亮丽名片。可是在征求各方意见时，不少人提出反对声音并宣称严重"过界"了，刚做"熟"的又弄"生"的标准，这些都不在我们职责范围内，现争议还没结束，又冒着被问责的危险，太不值得。应该规劝横县向广西壮族自治区卫生厅申报食品安全标准项目，我们质监部门不踩"雷区"为好，大家议论纷纷。

在调研过程中与几位老师傅交流，我了解到，横县鱼生加工有广泛的群众基础，但在加工制作过程中，仍然存在着一些不容忽视的问题。传统的鱼生加工往往依赖于师傅们的个人经验和手艺，缺乏统一的操作规范和质量卫生标准。这不仅影响了鱼生的品质，更可能对消费者的健康构成潜在威胁。我也在现场发现一些排档作坊在加工过程中，由于环境简陋、设备陈旧，导致鱼肉容易受到污染。这样的鱼生，即使味道再好，也难以让人放心。同时还看见不同的师傅对鱼肉的选择、切割手法、调味比例，都有着各自的理解和偏好。凡此种种，使横县鱼生的口感和品质参差不齐。消费者在选择时往往难以分辨哪些才是中规中矩的横县鱼生。

根据当时横县鱼生制作不尽如人意的情况，我们查阅到当时国内与横县鱼生制作技术相关的执行标准，还只有GB/T 17715—1999《草鱼》、GB/T 35375—2017《冻银鱼》、SC/T 3203—2015《调味生鱼干》等。这些标准主要对鱼种培养及鉴定和卫生指标进行规定，与横县鱼生制作的实况存在诸多不同，远不能满足横县鱼生的制作技术要求。面对这些问题，我深感制定横县鱼生加工标准刻不容缓，亟须换个新角度推动鱼生加工规范的质量安全标准。这不仅是对消费者的健康负责，更是对横县鱼生这项传统美食文化的保护和传承。

三、首个横县鱼生加工标准诞生

国家质检总局和国家标准化管理委员会调研组来广西检查指导后，专门拜会广西壮族自治区党委领导时，曾特别表扬广西的标准化工作非常接地气，关注各地优势、特色和民生的导向与需求，大量开展制修订螺蛳粉、六堡茶和油茶系列标准并成立标委会。对此，广西壮族自治区领导也予以充分肯定和称赞，给我们的工作指明了方向，让我们干事创新总有使不完的劲。但我也深知，提升横县鱼生加工水平，不仅能够保障饮食质量安全，还能促进鱼生餐饮业的健康发展。更重要的是，它让我们看到了传统美食文化与现代食品安全理念结合的可能性。这种结合，既是对传统的尊重与传承，也是对未来的开拓与探索。

经过反复汇报与沟通，在领导支持下，我力排众议，提出由当时横县人民政府出具正式公函，由横县工商和质监、食药、卫计、经信等部门，余师傅餐饮公司（龙头企业）、广西壮族自治区标准技术研究院、广西壮族自治区标准化协会共同起草地方标准，并命名为《横县鱼生制作技术规范》。这一标准的制定过程经历了多次调研、讨论、协商和修改，最终形成了一套科学、合理、可行、服众的规范标准。受局领导委托，我在2018年中国

（横县）茉莉花文化节上，面对与会代表和中外媒体庄严的正式发布了该标准。

回想当初，这项举措并未得到很多餐饮企业的理解和支持。有些人担心，规范化、标准化会束缚企业的手脚，影响鱼生的口感和风味。但随着时间的推移，越来越多的企业开始意识到，规范化、标准化是横县鱼生持续健康发展的必由之路。比如，为了保障消费者的权益，我们对标准感官提出具体要求，活鱼外观特征体态均匀、有光泽，鳞片完整、不易脱落，用手直摸活鱼背感觉结实，同时要求选用对水流刺激反应敏感、鱼体摆动有力的鱼。

标准从研制开始就对选材、宰杀、切片到调味、摆盘等进行了详细的规定。例如，鱼体重规格为红眼鲮鱼≥400 g，鱼肉必须选用新鲜的活鱼，宰杀后必须在规定的时间内进行切片；切片时必须使用锋利的刀具，以保证鱼肉的口感和质地；调味时，例如假蒌制作切丝，宽为1～2 mm，其他酱料的比例和用量也有严格的规定。为了确定鱼肉的厚度，特意在横县举办了一场"切片大赛"，邀请各路高手前来比拼。经过层层选拔和严格评审，确定了一个既符合口感又便于食用的切片厚度标准。比如生鱼片切片规格要求，"肾花"生鱼片的鱼片表面呈十字花型、均匀，宽度10～15 mm，长度40～50 mm。

鱼生加工规范正式发布后，如何保证其得到有效执行成为一个关键问题。为此，当地政府加大了对鱼生市场的监管力度。一方面，加强对企业人员的培训和指导，重点掌握规范标准的操作要点；另一方面，加大对违法违规行为的查处力度，对使用不新鲜鱼肉、违反操作规范等行为进行严厉打击，确保鱼生的品质和口感。

最令我印象深刻的是，这个标准还引入了食品质量安全追溯体系。这意味着，从原料的源头到成品的最终消费者，每一个环节都可以被清晰地记录和追踪。如一旦发生食品质量安全问题，就能迅速找到问题的根源，并及时采取措施进行纠正。

实践证明，横县鱼生加工制作规范标准的诞生，标志着当地鱼生制作进入了一个新的阶段。这一标准不仅为鱼生的制作提供了明确的指导，还促进了鱼生制作技术的传承和发展。从监管维度看，标准从原料采购与验收、加工制作过程、人员卫生管理、餐具及加工用具清洗消毒等方面，都提出了具体要求和规范。比如，鱼生经营单位必须取得许可证，并亮证经营；加工场所应远离污染源，保持环境整洁，并配备防蝇、防鼠、防虫等设施；加工区域应合理布局，分为原料处理区、加工制作区、成品存放区等，各区域应有明显标识，防止交叉污染；原料采购应索取合法有效票证，并建立进货查验记录制度；加工制作过程应严格遵守操作规范，确保鱼生加工制作质量安全卫生；从业人员应取得健康证明，并保持良好的个人卫生习惯；餐具及加工用具应定期清洗消毒，保持清洁卫生。通过严格执行HACCP（危害分析和关键控制点）体系，对每一个可能产生食品安全风险的环节进行监控和记录，为鱼生加工制作提供了科学依据，提升了横县鱼生生产经营单位的食品安全管理水平，为保障消费者饮食质量安全奠定了坚实基础。

四、鱼生加工标准体系的展望

随着物联网、大数据和人工智能技术的不断发展，笔者认为鱼生加工制作规范标准及其体系打造，必然朝着更加智能化、精细化和个性化的方向发展。可以利用这些技术实现对加工过程的实时监控和数据分析，进一步提高食品质量安全水平。

通过物联网技术，可以实时监测加工环境的温度、湿度和微生物含量，一旦发现异常立即报警并采取措施。通过大数据技术，可以对消费者的偏好和反馈进行深度分析，从而调整产品配方和加工工艺，满足消费者的个性化需求。而人工智能技术则可以帮助优化生产流程，提高生产效率和产品质量。

现在广西、广东美食界深度携手合作，打造鱼生加工的新高地。笔者特别期待广东省农业科学院和广西工业职业技术学院有更多创新的技术和材料应用于鱼生加工制作中，比如急速冷冻技术、通电杀虫技术以及新型大健康饮品等，这些都将为行业的可持续发展注入新的活力。随着科技的发展和社会的进步，两广重点区域的南宁横州市和佛山顺德区鱼生加工标准也需要不断更新和完善。在大原则方向一致的前提下，美美与共；同时也存留自己的地域差异特色，各美其美。未来，可以借鉴国内外的先进经验和技术，进一步完善规范标准及其体系，提高鱼生的品质和安全性。今后，加强品牌建设和推广力度，吸引更多的游客和消费者，形成产业链和产业集群效应。通过产业融合发展，提高鱼生产业的竞争力和附加值。进一步加强人才培养和引进力度，培养更多的鱼生制作人才和管理人才，为鱼生产业走向全国，乃至面向东盟国家的进一步发展提供强有力保障。

结　语

回顾这段经历和往事，笔者深感自豪与欣慰。虽然只是一个小小的标准，却关乎千家万户的饮食质量安全，以及相关企业的健康发展。现在横州鱼生制作技艺已被列入第三批广西壮族自治区非物质文化遗产名录和中国技能大赛项目。我们坚信，通过规范标准的制定和实施，标准体系不断完善，鱼生的品质和安全性肯定会得到显著提升。只要坚持创新发展、品质优先的理念，横州鱼生（注：横县改为横州后，横县鱼生也改称为横州鱼生）美食产业一定能够迎来更加美好的明天。

（作者系全国标准化信息共享战略联盟副秘书长，广西市场监管局原二级巡视员，技术经济与管理学博士。曾从事标准化研究与管理、产品质量监督与鉴定以及东盟标准化应用与推广等工作）

第三节 客家鱼生

客家人食鱼生已有很长的历史,在福建宁化、广东龙川五华兴宁、江西信丰等地都有食鱼生的习惯。广东梅州客家人,多于唐宋时期从中原迁徙而来,之后深居山地、远离征伐。因为草鱼不与人"争粮"、粗生易长,又能打牙祭、改善生活,因此客家人对草鱼情有独钟,也因此原汁原味保留下来"盛唐时期的鱼生文化"。

客家鱼生的特点是用的配料加了田螺香蒜醋,现在鱼生花样更多,有河鱼生、海鱼生、虾生等。随着客家人的迁徙,鱼生来到南方,"客家鱼生"经过不断的改良创新,成为"客家十大经典名菜肴"之一。

客家鱼生是客家地区的一种特色美食,用料鱼一般一斤半以上(注:1斤=500克),人多的话,大鱼最好。如果是罗非鱼,一定要选水库的野生罗非鱼。配料有姜、蒜白或葱白、芫荽、紫苏叶、鱼腥草、香茅草、花生米等。调味料有纯净花生油、盐、生抽、白砂糖,最后最重要的是醋,醋要选新鲜的米醋。

客家鱼生的制作方法与顺德鱼生差不多,吃法不同的是将切好的鱼肉片放入盛有蒜蓉醋的碗中先浸泡片刻后捞起,再放入倒有纯净的花生油(广东龙川是用茶油)的碗里,然后各自夹到一定份量到各自的碗里,按各人所需要的配料如花生米、姜丝、鱼腥草、香茅草、葱白、辣椒等混合起来吃。如八宝鱼生:料中加上炒米磨成的粉、炒黄豆磨成的粉,油炸花生粉碎成1 mm左右的碎屑,加入木瓜丝,最好将料与鱼生片拌匀,不再是蘸吃,也别有一番风味(图2-9、图2-10)。

目前,广东龙川、五华、兴宁等县市市场监督管理局提出并由鱼生产业团体制定了鱼生产业技术规范,包括草鱼养殖行业规范、草鱼品质要求、草鱼的运输与配送、食品安全与卫生、鱼生的加工制作、鱼生制作专

图2-9 五华客家鱼生片盛装样式
(李庆泉 供图)

间的布局与结构、鱼生制作场所及设备每天清洁消毒流程、鱼生食用等。

图 2-10　龙川客家鱼生片盛装样式（龙川鱼生促进会　供图）

第四节　潮州鱼生

潮州人食鱼生的习俗由来已久，清乾隆周硕勋《潮州府志》称，在潮州"蚝生，虾生，鱼生之类，辄为至味。"而今，潮州人仍食鱼生，做法和吃法上颇具地方特色。

潮州鱼生制作方法也是与顺德鱼生差不多，切好的鱼肉放在一个通风的大竹匾上晾干爽（图 2-11）。潮州鱼生调佐料有所不同，鱼生佐料分两部分：一部分是酱料。酱料一般是由蒜头、豆酱、花生酱、精选花生油一起煮成的。另一部分是什锦配料。一般由生切白萝卜丝、黄杨桃片、红辣椒丝、白蒜头片，以及芫荽、芹菜等组成。还配上极具地方风味的腌制萝卜干、冬菜、花生仁，以及一种精制的"甜橄榄"。这些佐料五颜六色，被放在一大竹盘上，犹如一大拼盘，令人垂涎。当一切佐料准备完毕之

图 2-11　潮州鱼生片盛装样式
（潮州市烹调协会　供图）

后，便开始切鱼片。吃鱼生时用筷子夹鱼生蘸以酱料配以佐料就食，味道十分鲜嫩香甜。喜欢喝酒的配上美酒，喜欢吃卤味狗肉的配风干狗肉，真可谓"鱼生狗肉，无下无敌"（潮州俗语）。目前潮州市场监督管理局也制定了潮州鱼生（草鱼）烹饪工艺规范，包括潮州鱼生（草鱼）烹饪工艺规范的术语和定义、原料及要求、烹饪器具、制作工艺、盛装样式、质量要求、最佳食用时间等。

潮州临海，海产丰富，当地百姓喜用虾、蟹、生蚝、血蛤等海鲜，配以不同酱料进行生腌。

第五节　国内其他鱼生

一、温州鱼生

俗称"白大生"，据百度百科介绍，它是"五味和"南北货号的五味之一，是"咸"字中的"看家"传统特色商品。鱼生的原产地在洞头（旧称下山），"五味和"有固定的渔家，专门为其进行初制加工，按现代的说法，就是"订单渔业"。

鱼生的质量如何，取决于正确掌握捕捞的时节。时间早了，鱼还太小、太细；迟了又太粗、鱼骨太硬。"小带鱼"的汛期，在农历三月，渔民称之为"头汛"，此时捕捞的"小带鱼"，条子太细，一般情况下，无人下海张网；农历五月上旬为"迟汛"，条子又粗，鱼骨又硬，此时捕捞上来的，只能用作晒带鱼丝（俗名白大）烤制鱼片。腌制鱼生用的，只有在农历四月上中旬，前后的十来天时间，渔民习惯称为"中汛"，捕捞上来的"小带鱼"，条子细而均匀，肉肥而骨软，最适宜腌制鱼生。渔民按"五味和"的要求，定时、定质、定量、定器、定比（食盐与鱼生比例）进行初步加工腌制，初制品要在端午节前后运到温州。进库后，对半成品的鱼生进行整理，剔去初制时混入的杂鱼，拣除掉下的鱼头断尾以及食盐中的杂物，挑剔干净后，沥净卤汁，测定含盐比重，按照鱼生固定数量，倒入已经消毒过的各个小缸中备用。鱼生能否美味可口，关键在于汤汁。"汤汁"酷似餐馆厨师用的高汤，"五味和"制作方法对内对外，都是秘而不宣的,这一绝招代代相传。旧时,味精作为高级调味品,又是奢侈品,加入一点,其成本就"高不可攀",所以味精是不用的。汤汁经过煮沸,既起到杀菌作用,又能与配伍辅料融成一体。配伍鱼生的辅料,也颇有讲究。一是,去皮萝卜丝,选用种在楠溪的高山上黄泥地的萝卜,上年加工的新萝卜丝,丝的粗细,亦大有讲究,要做到与鱼形协调,形丝似鱼。由当时著名的铜店"三泰"特制萝卜丝铜刨,发放给农户,用后收回;二是,糯米酒糟、红曲,固定由广和酱园提供。初制的鱼生,加入定量的辅料与汤汁,在小缸中搅拌均匀,静态后封缸贮存,并置缸于阴凉处,经过两个月以上的"磨合期",度过伏天,秋风乍起,方可正式上柜应市。

在外的温州人,普遍地视鱼生为"乡思",在特定的条件下,成了一种文化。在我国台湾的温州籍知名人士马星野,接受友人南怀瑾先生馈赠"五味和"青瓷包装的鱼生时,赞不绝口,爱不释手,遂邀请同乡好友,共聚分享,并即席赋诗:拜赐莼鲈乡味长,雁山瓯海土生香。眼前点点思亲泪,欲试鱼生未忍尝。

温州的鱼生,成为食文化中一朵奇葩,"五味和"是优秀的继承者。这种方法制作鱼生的历史悠久,少说已有百年。今天的五味和副食品商场,温州鱼生的供应仍然是特色商品之一(图2-12)。不过,货架上陈列的,已经是不同规格的玻璃装,小的为200 g,代替了旧日的散卖,消费者无须再自带盛器,并可随意选择。供应的鱼生,既符合国家卫生标准,又规定了生产标准,还明确注明了保管期限,提高了产品质量的透明度,这就使消费者可以更加放心购买与食用。

图2-12 温州鱼生

二、东北赫哲族食生鱼

赫哲族主要分布在我国东北地区的黑龙江、乌苏里江和松花江沿岸,是中国北方现存唯一依靠渔猎为生的民族。从古至今"夏捕鱼作粮,冬捕貂易货",只有少数人兼营农业生产。渔猎经济,决定了赫哲族的物质文化和饮食特点。

在中国少数民族中，从饮食文化发展的历史看，还保留着比熟食习俗更加古老的生食习俗。生活在中国东北地区的赫哲族，渔业是其主要的生产方式，在那里形成了独特的"鱼餐"。该族的食生鱼、刹生鱼、生鱼片、吃刨花、塌拉哈（烤鱼片）等饮食，极具地方特色和民族特点，被学者称为"北部亚洲渔猎文化的活标本"。［引自：同江文化旅游（2024年12月7日）介绍，东北赫哲族主要有3种食生鱼的方法。］

1. 刹生鱼

刹生鱼又叫拌菜生鱼（图2-13），赫哲族称"塔拉卡"。主要以黑龙江的特产——鲟、鳇、鲤、草根、白鱼、鲑鱼为原料。过去，把活的鱼或新鲜的鱼放血后，剔下鱼肉，切成细丝，拌上野生的"江葱"和"野辣椒"，加上醋和盐就可食用。没有醋时，可把野樱桃捣成浆汁拌上，味道鲜美。现在做此菜方法精细，佐料较多，有细粉丝、绿豆芽、土豆丝、菠菜丝、黄瓜丝等，和生鱼丝拌在一起，放入味精、生姜粉、精盐末、辣椒油、葱、蒜末等调料，色、香、味俱全，鲜嫩可口。

图2-13　拌菜生鱼

（引自：https://www.huitu.com/photo/show/20230808/093004664203.html）

2. 生鱼片

赫哲族称生鱼片为"拉布塔哈"。做法：把活鱼肉削下，切成薄片，鲜嫩可口，是下酒的好菜，吃时用盐末和醋、辣椒油蘸着吃。在赫哲渔村，常用此来待客，特别有趣的是，在滩头，渔民把从网上刚摘下来的活鲤鱼，按在船帮上，用鱼刀唰地将鱼背掀掉一大块鳞皮，接着飞快地削下脊骨两侧的厚肉留做生鱼片吃（图2-14）。

图2-14　东北生鱼片

（引自：https://mbd.baidu.com/newspage/data/dtlandingsuper?nid=dt_5847416920172905515&sourceFrom=search_b）

3. 鱼刨花

赫哲语中称鱼刨花为"苏拉卡"。原料必须是鲟鱼、狗鱼、哲罗鱼、细鳞鱼、牙布沙鱼等名鱼。做法：把冻鱼剥皮，削成薄片，和刨花一样薄（图2-15），端上桌，立即蘸醋、盐末、辣椒油等调料吃。此菜主要是冬天食用，吃着既冰凉又方便，常作为下酒菜。

图2-15 鱼刨花

（引自 https://mbd.baidu.com/newspage/data/dtlandingsuper?nid=dt_5103497862468311896&sourceFrom=search_a）

第六节　国外鱼生

国外鱼生类型多样，以下主要是按地域收集整理百度百科中关于国外鱼生的介绍。

一、日本刺身

日本刺身，是将新鲜的鱼、贝等原料，依照适当的刀法加工，享用时佐以用酱油与山葵泥调出来的酱料的一种生食料理，其最主要品类是生鱼片。以前，日本北海道渔民在供应生鱼片时，由于去皮后的鱼片不易辨清种类，故经常会取一些鱼皮，再用竹签刺在鱼片上，以方便大家识别。这刺在鱼片上的竹签和鱼皮，当初被称作"刺身"，后来虽然不用这种方法了，但"刺身"这个叫法仍被保留下来。

日本刺身特点：

（1）以漂亮的造型、新鲜的原料、柔嫩鲜美的口感以及带有刺激性的调味料（图2-16），强烈地吸引着人们的注意力。

（2）刺身最常用的材料是鱼，而且是最新鲜的鱼。常见的有金枪鱼、鲷鱼、比目鱼、鲣鱼、睛花鱼、鲈鱼、鲻鱼等海鱼，也有鲤鱼、鲫鱼等淡水鱼。目前，刺身已经不限于鱼类原料了，像螺蛤类（包括螺肉、牡蛎肉和鲜贝)、虾和蟹,海参和海胆,章鱼、鱿鱼、墨鱼、鲸鱼,还有鸡肉、鹿肉和马肉,都可以成为制作刺身的原料。在日本,吃刺身还讲究季节性。春吃北极贝、象拔蚌、海胆(春至夏初);夏吃鱿鱼、鲕鱼、池鱼、鲣鱼、池鱼王、剑鱼(夏末秋初)、三文鱼(夏至冬初);秋吃花鲢(秋及冬季)、鲣鱼;冬吃八爪鱼、赤贝、带子、甜虾、鲕鱼、章红鱼、油甘鱼、金枪鱼和剑鱼。

图 2-16 日本刺身

(引自 https://www.veer.com/photo/160821723.html?sign=es#%E6%97%A5%E6%9C%AC%E5%88%BA%E8%BA%AB)

(3)刺身的佐料主要有酱油、山葵泥或山葵膏(浅绿色,类似芥末),还有醋、姜末、萝卜泥和酒(一种"煎酒")。在食用刺身时,酱油、山葵泥或山葵膏是必备的,其余则可视地区不同以及个人的爱好加以增减。酒和醋在古代几乎是必需的。有的地方在食用鲣鱼时使用一种调入了芥末或芥子泥的酱油。在食用鲤鱼、鲫鱼、鲇鱼时放入了芥子泥、醋和日本黄酱(味噌),甚至还有辣椒末。

(4)盛放刺身的器皿一般用浅盘,漆器、瓷器、竹编或陶器均可,形状有方形、圆形、船形、五角形、仿古形等等。刺身造型多以山、川、船、岛为图案,并以三、五、七单数摆列。根据器皿质地形状的不同,以及批切、摆放的不同形式,可以有不同的命名。讲究的,要求一菜一器,甚至按季节和菜式的变化去选用盛放容器。

(5)刺身并不一定都是完全的生食,有些刺身料理也需要稍作加热处理。例如:蒸煮,大型的海螃蟹就取此法;炭火烘烤,将鲔鱼腹肉经炭火略微烘烤(鱼腹油脂经过烘烤而散发出香味),再浸入冰中,取出切片而成;热水浸烫,生鲜鱼肉以热水略烫以后,浸入冰水中急速冷却,取出切片,即呈现表面熟、内部生,这样的口感与味道,自然是另一种感觉。

二、秘鲁柠檬腌生鱼

在秘鲁的海鲜料理中,具有特色的非属柠檬腌生鱼。它是一种把生鱼浸泡在柠檬汁里的菜肴，用柠檬汁的酸味促使生鱼的蛋白质变性。这样的做法不仅能够消毒，更能够创造出类似煮熟的口感。秘鲁柠檬腌生鱼通常以"Bass"或"Flounder"那种白肉鱼为原材料，把生鱼和煮熟的海鲜放在一起，加上生洋葱、辣椒粉、番薯和安地斯山区种的白色玉米，制作成一份喜人的拼盘（图2-17）。

图2-17　秘鲁柠檬腌生鱼

（引自：https://www.veer.com/photo/463951314.html?sign=es#%E7%A7%98%E9%B2%81%E6%9F%A0%E6%AA%AC%E8%85%8C%E7%94%9F%E9%B1%BC）

三、法国鞑靼（Tartare）

这道法国传统名菜，最初是剁得细致的生牛肉碎，后来发展到也用生鱼肉来制作。菜单上最常见的是吞拿鱼鞑靼肉，将鲜红鱼肉剁至细碎，加上浓郁的调味料，如红辣椒酱、盐、橄榄油和柠檬皮，最后撒上一些新鲜研磨的黑胡椒（图2-18）。上菜时，通常会将鱼肉碎末铺在口感润滑的牛油果之上，然后配吐司一起享用。

图2-18　法国鞑靼

（引自：https://www.veer.com/photo/316927093.html）

四、北欧腌制三文鱼

乌制三文鱼或腌三文鱼是一种北欧菜肴，由使用盐和糖混合腌制的三文鱼组成（图2-19），莳萝或云杉枝放在上面，之后偶尔会冷熏。乌制三文鱼通常作为开胃菜，切成薄片并配以佐料和酱料。

图2-19　腌制三文鱼

（引自：https://www.veer.com/photo/313240146.html?sign=es#%E8%85%8C%E5%88%B6%E4%B8%89%E6%96%87%E9%B1%BC）

五、夏威夷盖饭

夏威夷盖饭中有生鱼片或生鱼丁（图2-20），可作为开胃菜或主菜，是夏威夷最受欢迎的菜肴之一。传统鱼类是鲣鱼和章鱼。

六、意大利生鱼片

在意大利，无论是在小饭馆或正式餐厅，有两种食材一定会出现在餐桌上，那就是橄榄油和质量上佳的醋。橄榄油、醋，再撒上些许盐，为薄如纸的生鱼片调味。这道源自威尼斯的生食料理，人们有时候也会加上酸豆和芫荽等（图2-21），进一步丰富生鱼片散发的坚果风味。

图2-20　夏威夷盖饭

（引自：https://www.veer.com/photo/397974466.html?sign=es#%E5%A4%8F%E5%A8%81%E5%A4%B7%E7%9B%96%E9%A5%AD）

图2-21　意大利生鱼片

（引自：https://mbd.baidu.com/newspage/data/dtlandingsuper?nid=dt_5059507248227189830&sourceFrom=search_a）

第三章
鱼生原材料

鱼生原材料对鱼生的质量、口感、风味等影响很大，包括鱼的品种、大小，而配菜和调味品则与区域习惯相关。一般来说，中国鱼生以淡水鱼虾为主，而外国鱼生以海水鱼虾贝为主。淡水鱼生配菜和调味品种类多；而海水鱼生配菜和调味品较单一，以芥末、酱油为主。

第一节 海鱼贝

地球上很多民族和地区都有过生食鱼贝、肉类的历史，有的地区至今古风犹存，如北欧一些海洋国家，还有我国东北的黑龙江省乃至闽西某些村落，仍有吃鱼生的习俗。而在生食鱼贝的历史中，海产品是主要食材来源。有报道，对鱼生研究较多的有中国、日本、葡萄牙、土耳其、巴西、韩国等国家。在日本，几乎所有的甲壳类和软体动物都可以做成刺身美食，章鱼和鱿鱼就是两大代表。

海鱼体内也可能有寄生虫，而且可以寄生于人体。海鱼体内的寄生虫主要有两大类：异尖线虫和裂头绦虫。因此，食用海鱼的刺身也需要注意安全性。以日本海裂头绦虫为例，它的成虫可寄生于人体小肠，而幼虫则可寄生于如太平洋鲑属（大马哈鱼属）的溯河洄游型鱼类中，这其中就包括大家喜爱的三文鱼。（https://webvpn.hunau.edu.cn）

（一）生鱼片

临海地区的居民享有丰富的海鲜资源，因此形成了多种传统的海鲜料理。生鱼片是一种美味佳肴，是切成薄片的鱼肉，常与酱油、芥末等调味品一起食用。有些生鱼片经过火烤以增加风味，而有些生鱼片则为了保留其原味而生吃。生鱼片富含蛋白质，胆固醇含量低，并且含有对人体有益的营养成分，因此越来越受到注重健康的消费者的欢迎。

生鱼片，简单地说，就是一种可以生吃的新鲜鱼肉，吃前洗净且切成薄片，蘸上酱汁生吃。过去，生鱼片市场仅限于日本，但20世纪90年代，这种消费形式逐渐扩展到欧洲和北美。在日本的生鱼片料理中，首选的食材是鲑鱼和金枪鱼。其中，用于生鱼片料理的金枪鱼主要品种是三种蓝鳍金枪鱼（大西洋蓝鳍金枪鱼、太平洋蓝鳍金枪鱼和南方蓝鳍金枪鱼）。鲑鱼和虹鳟等鲑科鱼类是继金枪鱼之后第二受欢迎的种类。

（二）贝类

近年来，生食贝类水产品以其新鲜美味、营养丰富、食用方便等特点，受到越来越多消费者的青睐。其中，牡蛎、北极贝、象拔蚌、醉泥螺是上海市常见的生食贝类水产品（生食贝类水产品中副溶血性弧菌等需进行风险评估）。在日本，以新鲜和冷冻解冻后的扇贝为原料制作寿司和刺身非常受欢迎。

（三）其他

除上述提到的相关用于生食的海产原料外，甜虾刺身、海胆刺身、墨鱼刺身、章鱼或鱿鱼刺身、帝王蟹刺身、牡蛎刺身、螺肉刺身等也常出现在人们的生活中（图3-1）。（https://webvpn.hunau.edu.cn）

图3-1　不同类别刺身图片
（https://www.nipic.com/show/43115526.html）

第二节　淡水鱼生原料

中国的鱼生文化源远流长，以淡水河鲜为主打的鱼生，体现了中国人对食材的极致追求和精湛的烹饪艺术。在选材上，鱼生的原料必须品质上乘，个头适中，且须经过清水瘦养。这样的河鲜肉质更为紧实鲜美，无泥腥味，是制作鱼生的上乘之选。清水瘦养的过程，不仅去除了河鲜体内的杂质和异味，还使其肉质更加纯净，口感更佳。在制作过程中，鱼生需要经过严格的放血、剖腹、剔除非食用部分等步骤。切片是制作鱼生的关键步骤之一，需要凭借精湛的手艺和丰富的经验，将鱼肉切成厚薄均匀、肉质透明无杂质的薄片。鱼片不仅美观大方，而且口感清、鲜、爽、嫩、滑，让人回味无穷。

我国淡水鱼资源丰富，不同地方鱼生的原料鱼不同。淡水鱼生原料主要包括草鱼、鲈鱼、罗非鱼、青竹鱼等多种淡水鱼类。这些鱼类因其肉质细嫩、味道鲜美而被广泛用于制作鱼生。

（一）草鱼

草鱼，又称鲩鱼、白鲩，是淡水鱼生的常见原料之一。喜栖居于江河、湖泊等水域的中下层和近岸多水草区域。具有河湖洄游的习性，性成熟的个体在江河、水库等流水中产卵，产卵后的亲鱼和幼鱼进入支流及通江湖泊中。体延长，亚圆筒形，大的体长可达1米以上。体青黄色，头宽平，口端位，无须。咽齿梳状，背鳍和臀鳍均无硬刺。草鱼肉质细嫩，富含蛋白质和多种微量元素，适合生食。在广东顺德等地，草鱼是制作鱼生的主要原料之一，因其肉质鲜美、口感爽滑而备受推崇。

（二）海鲈鱼

海鲈鱼原产海洋中，在中国沿海一带已悄然兴起养殖热潮，并逐渐引入内陆水域养殖，成为淡水鱼生原料。海鲈鱼是鲈形目真鲈科鲈属鱼类，分布于西太平洋和印度洋的热带和亚热带海域。主要栖息于近海，早春在咸淡水交界的河口产卵，冬季在较深海域越冬。幼鱼有溯河入淡水的习性，性凶猛，食物以活体动物为主，有同类相食现象。体延长，侧扁，被小栉鳞。口大，下颌突出，长于上颌。银灰色，背部及背鳍上有散状小黑斑；背鳍呈双峰状，前面一个背鳍具多条硬棘刺。淡水养殖的海鲈鱼的肉质洁白细嫩，富含蛋白质和多种维生素，是制作高档鱼生的优质原料。在广东珠海等地，淡水养殖的海鲈鱼常被用于制作高档宴席上的鱼生菜品，其独特的口感和风味深受消费者喜爱。

（三）罗非鱼

罗非鱼原产于非洲，是一种适应性强、生长迅速的热带鱼类，现已广泛引入世界各地养殖。适应性强，能在淡水或咸淡水中生活，对水温要求较高。体形侧扁，体被圆鳞或栉鳞，侧线中断。背鳍通常有强大棘刺，体色随环境变化而变化。罗非鱼肉质细嫩，味道鲜美，富含蛋白质和多种营养成分。是世界上重要的淡水养殖鱼类之一，罗非鱼的肉质细嫩、味道鲜美，且含有丰富的蛋白质和多种维生素。在广西、海南等热带地区，罗非鱼是制作鱼生的常见原料之一。

（四）青竹鱼

青竹鱼主要分布在我国珠江流域的广西、云南地区等水域，越南也有分布。常栖息于水流湍急的江河或山涧溪谷之中，对水质要求比较高。体色清绿，背部灰黑，嘴比一般鲩鱼尖长，眼睛圆细、小巧玲珑。鱼鳃、鱼头部分呈现鱼类中罕见的粉红色，而鱼背则是清脆绿色，雪白的肚皮上侧又覆盖了明黄的鳞片。青竹鱼肉质细腻鲜美，经济价值较高，是制作鱼生片、红烧鱼的最佳原料。

第三节　虾生原料

虾肉性温，味甘、咸，具有补肾、壮阳、通乳之功效，属强壮补精食品。虾肉质清爽且富于弹性，味道鲜美，营养丰富。100 g 虾中含有 17～20 g 蛋白质和许多其他维生素和矿物质，如维生素 B_{12}、烟酸、钙、磷、铁、硒等，有助于增强免疫系统，对骨骼、关节、心脏有益。部分品种的虾也是制作刺身的优质原料，其中北极虾也是很多刺身店里常见的食材。吃生鲜虾是一些地方的特色饮食，比如罗氏虾是广东省肇庆市高要区的特色，当地有很多虾生餐馆，以特有的罗氏虾为主要原料，辅以肉桂粉、姜末、芥末、酱油等为调味料，颇受当地消费者的欢迎。

虾的食谱主要来自藻类、微生物和腐烂水生生物。这些杂质在虾头、胃和排泄系统都有存在。因此，虾头和消化道中含有大量杂质，甚至是重金属。另外，淡水虾中可能存在的寄生虫包括肝吸虫、肺吸虫、圆管吸虫等。这些寄生虫通常寄生在虾的肌肉或消化系统内。因此，需要在虾生的加工过程中，注意检疫和清洁卫生的操作，以及对生鲜虾肉中存在的致病微生物和寄生虫做安全无害化处理。

（一）高要罗氏虾

高要地区喜欢吃虾生，主要选用罗氏虾，比一般的虾刺身肉质更紧实，更鲜甜。2024年，高要区的罗氏虾的产量在4.2万吨左右，为当地虾生产业提供优质原材料。2023年，《罗氏沼虾虾生制作技术规范》团体标准的正式启用，得到了高要众多农业企业的关注和称赞。据悉，该项团体标准的制定参考了GB 2733《鲜、冻动物性水产品》、GB 10136《动物性水产制品》、GB 11607《渔业水质标准》等多项国家标准，结合了《餐饮服务食品安全操作规范》，对罗氏沼虾虾生的原辅料、加工设备工具容器、制作工艺、加工过程等设置了卫生要求。采用此方法操作制备的虾生，膏多、肉香、肥大、肉质鲜美、口感清爽。

（二）北极虾

北极虾也是常见的虾生原料，北极虾又称为甜虾，因其肉质鲜美、营养丰富而备受喜爱。食材一般选用新鲜北极虾、酱油、芥末酱、柠檬片、姜片、冰块。将北极虾洗净，剪去虾须和虾脚，用剪刀从背部剪开，取出虾线。将处理好的北极虾摆放在盘子上，放上柠檬片、姜片和冰块（图3-2）。食用时，将北极虾蘸上酱油和芥末酱，即可品尝到北极虾的鲜美口感。

第四节 鱼生配料

鱼生需根据季节使用不同配料辅食。"脍，春用葱，秋用芥"，孔子言"不撤姜食"，以姜作为鱼脍的佐料，暗示着儒家思想对于脍食并非完全认同，需要配料、酱料辅助食用。先秦上层社会饮食尤其奢侈讲究，鱼脍地位可见一斑，但先秦社会饮食等级森严，"大夫以上乃得食肉"，平民无故不能吃肉，仅蔬食，难以食用象征身份的鱼脍。《礼记·内则》记载的"鱼脍，芥酱"，是指吃生鱼片时，配以芥子酱（用芥菜籽调制的辛辣酱汁），用以去腥提鲜。隋唐时期，出现了用香柔花叶或金橙丝调制鱼脍的新法，用这两种调味料调制成的鱼脍都称作"金齑玉脍"，传说隋炀帝杨广曾赞美"金齑玉脍，东南佳味也"。

（一）顺德鱼生配料

顺德鱼生，也被称为顺德生鱼片，是一道具有浓郁顺德特色的传统名菜。它以新鲜的鱼肉为主要原料，搭配多种配料和调料精心制作而成。下面将介绍一些常见的顺德鱼生配料。顺德鱼生通常选用草鱼、海鲈鱼、鲮鱼、鲫鱼等鱼类作为主要原料。其中，草鱼是最常用的鱼类之一。这些鱼类以其鱼肉鲜嫩、肉质细腻等特点被选作鱼生的主角。顺德鱼生中常见的配料有姜丝、葱白丝、蒜片、洋葱、柠檬叶丝、白萝卜丝、红萝卜丝、酸荞头、榨菜丝、大头菜丝、炒花生、炸香芋丝等，调味品有盐、油、豉油、芝麻等，用盐调味是顺德鱼生的特点之一（图3-2）。近年融合了日式刺身食法，也有用芥辣酱的。这些辅助原料的加入可以提升鱼生的风味和口感，让整道菜更加美味可口。顺德鱼生的配料虽然多样，却能够相互协调，各种食材的搭配增强了整道菜的口感层次，使其成为人们餐桌上的美味佳肴。同时，这些配料的选用也能够体现出顺德菜的独特风貌和精湛技艺。顺德鱼生以其独特的口感和丰富的配料而闻名，不仅在顺德地区受到欢迎，更是中国传统菜肴的代表之一。通过合理的选材和巧妙的搭配，顺德鱼生的配料给人们带来了味觉上的享受，并展示了中国烹饪文化的博大精深。

图3-2　顺德鱼生配料

（二）横县鱼生配料

横县鱼生（也称横州鱼生）可追溯至先秦时期，与壮族龙母传说相关，晋代《横州志》已有记载，北宋诗人梅尧臣、明代进士周孟中均曾赞其精妙。横县鱼生一般选用草鱼，也使用赤眼鱼、青竹鱼等制作。横县鱼生的配料丰富多元，有鱼生草、紫苏、假蒌、辣蓼、薄荷、红萝卜丝、木瓜丝、荞头、酸萝卜丝、辣椒丝、炸芋头丝、洋葱、山姜丝、姜丝、瓜英、炸花生、葱花、香菜、横县大头菜丝、柠檬、大蒜、酸姜、大葱等30种以上的配料（图3-3）。酱料有花生油、酱油、胡椒粉等。横县鱼生对配料的刀工技法要求极为严苛，其辅料被切得细如发丝，大小均一。配菜需分层置于特制同心圆分区食盘中，依色系与功能进行模块化排布，形成具有几何韵律感的视觉矩阵。业界素有"横县鱼生之魂在于配"之说——当十余种经色谱美学设计的辅料阵列式铺陈于席面时，不仅构建起多维度的味觉层次体系，更以宛若调色盘般的艺术陈列形态，成就视觉与味觉的双重飨宴。横县鱼生最终形成"香辣酸鲜、浓香冲鼻"的复合味觉体验。这种调料体系的构建，既传承了壮族先民适应渔猎生活的智慧，也体现了现代标准化制作对传统风味的坚守。

图3-3　横县鱼生配料

（三）客家鱼生配料

客家鱼生是客家饮食文化中的一道代表性生食料理，主要流行于梅州、河源、惠州等客家聚居区，比较知名的有龙川八宝鱼生、五华鱼生、兴宁鱼生。它以鲜活淡水鱼为主料，辅以丰富的配料和酱料，融合了古代中原"鱼脍"传统与岭南山区饮食智慧，体现了客家人"因地制宜、和味养生"的饮食哲学。客家鱼生的特点是以酸醋提鲜，其他配料有花生米、姜丝、香茅草等。龙川八宝鱼生，作为一道具有特色的客家美食，其配料的选择和搭配非常讲究。所谓八宝，指的是菜肴主要有八味配菜，即新鲜的鱼腥草碎丝、捣碎的蒜泥、切好的姜丝、炸至酥香的花生米、现炒的芝麻、炒至膨化的米粒、正宗山茶油以及适量的精盐。还有紫苏、香菜、柠檬、大蒜、鱼腥草、花生油、盐、辣椒酱和酱油等用来调味。这些佐料各自散发着诱人的香气，与鱼生片搭配在一起，更是相得益彰，做成的八宝鱼生香味扑鼻、入口脆滑，嚼起来满口浓香。五华鱼生配料与众不同的是喜欢搭配酸笋和酸杨桃片，五华盛产酸笋，酸味浓郁且带独特"发酵臭香"，辅以米醋提鲜，酸辣中带一丝回甘，腌制杨桃切片，酸甜开胃（图3-4）。与此同时，用紫苏叶和薄荷清香解腻，中和酸笋的厚重感。五华鱼生的配菜有黄瓜片、萝卜丝、兴宁鱼生腐竹、粉丝、炸芋角、莴笋丝、百合片、莲藕等。兴宁鱼生

图 3-4　客家（广东五华）鱼生配料

常见配料有薄荷叶、柠檬叶、高山茶油、糯米醋等。兴宁鱼生有食用九层塔的习惯，九层塔的草本香气与小米辣的辛香结合，带来热带风味。值得一提的是兴宁鱼生还喜爱酸萝卜和白醋，兴宁酸萝卜以传统乳酸发酵工艺制作，酸甜清爽，白醋轻盈而不喧宾夺主，能充分凸显鱼肉的天然本味与细腻质地。相较之下，地处岭南腹地的龙川地区，则更善用柠檬和酸梅的自然果酸，酸度柔和，辅以若隐若现的花果幽香，呈现出与兴宁风味截然不同的地域性味觉特征。

（四）潮州鱼生配料

"食在广州，味在潮州。"潮州人味蕾的敏感大多体现于对"鲜味"的追求，才有了广为流传的"广州菜，无鸡不成席；潮州人，无鲜不成宴"的美谈。潮州鱼生便是潮州人追求至鲜的例证。潮州，便是当今对鱼生这种古老的"鱼脍"食用方式保留最好的地区之一，据清朝《潮州府志》记载："潮州，蚝生，虾生，鱼生之类，辄为至味。"潮州鱼生的酱料也最为讲究。一片鱼生，搭配上十种配料，包括萝卜丝、蒜头、萝卜干、姜丝、小米椒、洋葱、芹菜、金不换、香菜、炒熟的芝麻和花生、泡椒、葱丝、柠檬叶、杨桃片等。在食用时，淋上由豆酱、芝麻油、沙姜末、鱼露、香油等调和而成的酱料。一勺入口，口味丰富，味道鲜美，完美重现了北魏贾思勰在《齐民要术》中提及"金齑玉脍"的菜品。

第四章
水产寄生虫与鱼生食用安全

鱼生因为是鲜食，没有经过加热，可以最大限度保持营养和风味。但是，鱼虾也是寄生虫等有害生物的宿主，特别是华支睾吸虫（肝吸虫），其卵通过第一中间宿主——螺传染给第二中间宿主——鱼，鱼作为中间宿主可传染给人，成为鱼生的重大卫生问题，要引起高度重视。

第一节 水产寄生虫生物学

一、水产寄生虫的概述和分类

水产寄生虫是一类生活在水生动物体内或体表的生物，它们通过与宿主的相互作用，获取必要的营养和生存环境。这些寄生虫不仅影响宿主的健康，还可能在人类食用受感染的水产品时威胁人体健康。水产寄生虫的研究对于保障水产品的质量安全、维护水产养殖业的可持续发展以及保护公共卫生具有重要意义。

在分类学上，水产寄生虫可以根据物种分类、生活习性和宿主类型等因素进行分类[1-3]。

（1）根据物种的分类：根据物种分类学，水产寄生虫可分为原生动物、扁形动物、线虫、棘头虫、甲壳类等大类。原生动物门（Protozoa）是一类单细胞真核生物，包括了阿米巴原虫、纤毛虫、鞭毛虫等。尽管它们体积微小，但在水产养殖环境中，这些生物有时能够引发严重的疾病问题。例如，纤毛虫可以引起鱼类的白斑病、蜗牛虫病等，而波豆虫等鞭毛虫也会导致鱼类的白云病。扁形动物门（Platyhelminthes）包括吸虫纲和绦虫纲。吸虫纲中包含了一些对人体健康至关重要的寄生虫，比如肝吸虫、血吸虫和肺吸虫等。这些寄生虫在水产品中经常被发现，给食品安全带来了严重隐患。绦虫纲中的许多种类，如猪绦虫、鱼绦虫等，也能通过水产品传播至人类，对公共卫生构成威胁。线虫门（Nematoda）涵盖了许多对人体健康至关重要的种类，如肠虫和钩虫。在水产品，尤其是海鲜中也能发现多种线虫，如异尖线虫。棘头虫门（Acanthocephala）则包括了一群特殊的寄生虫，它们没有真正的消化系统，并且头部具有倒钩，用以附着在宿主体内。它们同样可能通过水产品传播给人类，导致感染。甲壳动物门（Crustacea）包括了一些外寄生在鱼类体表的寄生虫，如鱼虱等，这些寄生虫直接危害养殖鱼类的健康。

（2）根据生活习性的分类：根据生活习性，水产寄生虫可分为内寄生虫和外寄生虫两大类。内寄生虫包括吸虫、绦虫、线虫、棘头虫等，它们寄生在宿主的体内，如肠道、血液、器官等。这类寄生虫一旦感染人体，可能会引起严重的健康问题。例如，肝吸虫能够导致肝硬化、胆管炎；绦虫可能引发绦虫病，并伴有剧烈头痛、失明和癫痫发作等严重并发症；而线虫，如异尖线虫，可引起恶心、腹痛等胃肠道症状，严重时还会引发过敏反应。至于外寄生虫，主要是指那些附着在宿主皮肤或鳃上的寄生虫，如鱼虱和蟹虱。虽然它们不会直接感染人体，但可能导致养殖鱼类营养不良、生长迟缓，从而影响养殖产量和质量。同时，一些外寄生虫的节肢体或卵也可能意外被摄入，导致人体感染。

（3）根据宿主类型的分类：水产寄生虫可以根据它们感染的宿主种类进行分类，包括鱼类、甲壳类和软体动物等。其中鱼类寄生虫是研究最多的类型，涵盖了许多对人类健康和养殖业造成严重威胁的种类，如肝吸虫、异尖线虫、鲑鱼虱等。甲壳类动物，如虾、蟹等，也常常受到寄生虫的影响，其中常见的有甲壳纲的蟹绦虫、线虫和绳虫。软体动物，如牡蛎、鲍鱼等贝类，也可能被特定的寄生虫感染，如牡蛎吸虫和牡蛎绦虫。此外，其他水生无脊椎动物，如海参、海胆等，也可能遭受寄生虫的侵害。

在野生捕捞和水产养殖活动中，了解和控制这些寄生虫的生物学特性对于确保鱼类和其他水产品的质量安全至关重要。例如，如果养殖的鲑鱼被鲑鱼虱大量寄生，会严重影响其生长发育；而肝吸虫的存在则可能给消费生鱼的人类带来健康风险。因此，对水产寄生虫进行分类研究，明确它们的宿主范围和危害程度，是制定有效防控措施的关键基础。

二、水产寄生虫的形态结构和生理功能

水产寄生虫的形态结构和生理功能与其生活方式密切相关[4-6]。例如，寄生在鱼类肠道内的线虫具有简化的消化系统，以适应其在宿主体内的生活方式；而寄生在鱼类体表的鱼虱则具有强大的附着器官，以便牢牢抓住宿主。这些寄生虫的形态结构通常具有适应寄生生活的特化特征，如吸虫的消化系统简化，绦虫的生殖系统复杂，以及一些寄生虫具有逃避宿主免疫系统的特殊机制。在生理功能方面，寄生虫通过各种策略来适应寄生生活。例如，寄生在宿主体内的线虫、吸虫等通常具备简化的消化系统，因为它们需要适应宿主体内获取营养的方式；而外寄生虫，如鱼虱则没有完整的消化系统，主要依赖宿主体液中的营养物质。此外，寄生虫还可能通过产生特定的酶来分解宿主的组织，或者通过分泌物质来抑制宿主的免疫反应。

以下是一些常见水产寄生虫的详细形态结构和生理功能描述。

（1）阿米巴原虫：阿米巴原虫通过伪足进行运动和摄食，其细胞膜下有流动的细胞质，内含食物泡和伸缩泡。

（2）纤毛虫：纤毛虫的特征在于细胞表面覆盖着纤毛。这些纤毛不仅赋予了纤毛虫以独特的运动能力，使它们能够在水中灵活游动，而且还帮助它们捕获食物。在水产寄生虫中，纤毛虫是一类非常重要的生物，它们包括车轮虫、斜管虫、小瓜虫、聚缩虫、累枝虫、杯体虫和毛管虫等。这些生物通过纤毛的有序摆动来实现移动和摄食。

（3）鞭毛虫：鞭毛虫是一类广泛分布且种类繁多的原虫，它们以鞭毛作为主要的运动细胞器。在水产寄生虫中，波豆虫、隐鞭虫和锥体虫是几种较为常见的鞭毛虫。波豆虫感染鱼类时，会在鱼的头部和肩胛部位形成一层白膜，因此也被称为白云病或口丝虫病。这种寄生虫会侵袭鱼的皮肤和鳃部，严重时会导致大量鱼类死亡。隐鞭虫则寄生在鱼的皮肤和鳃上，干扰鱼类呼吸，导致鱼体频繁翻滚，并在重度感染下可能在数天内造成鱼群大量死亡。锥体虫则是一种生活在鱼类血液中的寄生虫，由于它不易被发现，常常成为引起鱼类不明原因死亡的"隐形杀手"。

（4）孢子虫：孢子虫能在宿主体内形成孢囊，这些孢囊有时可以用肉

眼观察到。然而，许多孢子虫种类仍然难以被检测到。在水产养殖环境中，即使孢子虫被确诊，治疗它们也相当困难，因为它们通常寄生在鱼类的难以触及之处。孢子虫的孢囊层使得外用药物难以发挥作用，而内服药物在孢子虫病暴发时又面临鱼不进食的问题，这进一步降低了治疗的成功率。水产中的孢子虫大致可以分为四类：球虫、粘孢子虫、微孢子虫和单孢子虫。这些类别中包括了多种具体的孢子虫种，如碘泡虫、尾孢虫、单孢子虫、微孢子虫、两极虫和四级虫等。

（5）吸虫：吸虫具有扁平的身体，通常具有两个吸盘，用于附着在宿主的肠道或其他器官内。它们的消化系统包括口、食道、肠和肛门，能够消化宿主的血液或其他组织。吸虫的生殖系统发达，能够产生大量卵，以增加感染新宿主的机会。

（6）绦虫：绦虫的身体呈带状，由多个节片组成，每个节片都含有一套生殖器官。它们的头部具有钩和吸盘，用于附着在宿主的肠道壁上。绦虫没有专门的消化器官，而是通过体表吸收宿主的营养物质。

（7）线虫：线虫具有圆柱形的身体，体表覆盖有角质层。它们的消化系统由口、咽、肠道和肛门组成，能够消化宿主的组织。线虫的生殖系统同样发达，雌虫可以产下大量卵。

（8）棘头虫：棘头虫以其头部的可伸缩的吻和吻上的倒钩为特征。它们的消化系统简单，没有真正的肠道，而是通过体表吸收营养。棘头虫的生殖系统同样简单，通常只有一对生殖腺。

（9）甲壳类寄生虫：如鱼虱和蟹虱等，它们具有坚硬的外壳，能够保护其内部柔软的组织。这些寄生虫通过吸盘或钩子附着在宿主的皮肤或鳃上，以宿主的血液或其体液为食。

三、水产寄生虫的生命周期与发育阶段

水产寄生虫的生命周期通常包括多个阶段，从卵、幼虫到成虫，且往往涉及一个或多个中间宿主[7,8]。例如，吸虫的生命周期，包括虫卵、毛蚴、囊蚴和成虫阶段，其中毛蚴和囊蚴阶段可能需要不同的中间宿主。这种复杂的生命周期使寄生虫能够在不同的生态环境中传播和生存。在发育阶段上，寄生虫的幼虫通常具有较高的适应性和传播能力，如吸虫的毛蚴能够在水中自由游动，寻找合适的中间宿主；而绦虫的卵则能够在水体中

长时间存活，等待被宿主摄入。生命周期的复杂性也意味着寄生虫在传播过程中可能面临多种环境压力，如温度、盐度变化以及宿主的免疫反应。这些压力可能促使寄生虫在进化过程中发展出一系列适应性特征，如对特定环境条件的耐受性以及对宿主免疫反应的逃避机制。

以下是一些典型水产寄生虫的生命周期和发育阶段的详细描述：

（1）吸虫：吸虫的生命周期通常包括卵、毛蚴、囊蚴和成虫四个主要阶段。首先，卵在水中孵化成能游泳的毛蚴幼体，这些毛蚴必须侵入第一中间宿主（通常是软体动物，比如螺）体内发育成为囊蚴。囊蚴随后被第二中间宿主（如鱼类）摄入或侵入，在其体内发育成为能够传播至终末宿主的幼虫。成虫存在于终末宿主（人类或其他脊椎动物）体内，主要寄生于肝胆系统、血液循环系统或肺部，并产生大量卵被排出体外，完成整个生命周期。这种复杂的生命周期使吸虫能够在多种环境中生存和传播，同时也增加了人类感染的风险。例如，肝吸虫（华支睾吸虫）的生命周期中，水螺是第一中间宿主，鱼类是第二中间宿主，而人类和其他哺乳动物则是最终宿主。人们通过食用未充分煮熟的含有肝吸虫幼虫的鱼类，可能会感染此寄生虫，从而引起肝胆系统的疾病。

（2）绦虫：绦虫的生命周期包括卵、幼虫（如原尾蚴）和成虫阶段。卵在水中孵化成能游泳的原尾蚴幼虫，该幼虫需要侵入第一中间宿主（通常是无脊椎动物，如甲壳类或节肢动物）体内。在中间宿主体内，原尾蚴发育成为具有感染性的下一阶段幼虫——囊尾蚴。当囊尾蚴被最终宿主（如鱼类、动物或人）摄入后，在其体内发育成为成熟的绦虫，寄生于肠道内。成虫绦虫产卵后，卵随宿主粪便排出，重新进入水环境并孵化，从而完成生命周期。以危害人体健康的重要种类鱼带绦虫（*Diphyllobothrium latum*）为例，其生命周期包括淡水鱼和小型无脊椎动物作为中间宿主，而人类和其他哺乳动物则作为最终宿主。人类若食用含有活的鱼带绦虫囊尾蚴的生鱼，就可能感染该绦虫，引起腹痛、体重减轻等一系列症状。

（3）线虫：线虫的生命周期相对简单，通常只包括卵、幼虫和成虫三个主要阶段，无需中间宿主。卵在适宜环境中孵化成游离幼虫，幼虫随后通过摄食或直接穿透宿主皮肤等方式进入最终宿主体内，在其中发育成成熟的雌雄成虫。以危害人体健康的异尖线虫为例，其主要通过海鱼传播给人类，导致人体感染并出现腹痛、恶心、呕吐等症状。异尖线虫的生命周期涉及海洋哺乳动物（如鲸鱼、海豹等）作为最终宿主，以及鱼类和头足类动物（如鱿鱼）作为中间宿主。异尖线虫卵随最终宿主的粪便排出后在海水中孵化为游泳幼虫，被鱼类或浮游甲壳类动物摄入后在其体内发育成为感染性第三期幼虫。当鱼类或头足类动物摄食了这些感染性幼虫，幼虫即可在其肌肉中存活，并传播给捕食它们的海洋哺乳动物。如果人类食用了未经适当处理或烹饪的含有幼虫的海鲜，异尖线虫的幼虫也可以在人体内发育，导致感染。

（4）棘头虫：棘头虫的生命周期包括卵、幼虫（如拟蚴）和成虫三个主要阶段。卵在水生环境中孵化成拟蚴幼体，该幼体需要被特定的中间宿主（如甲壳类或鱼类）摄入，并在其体内发育成下一阶段的幼虫体。发育成熟的棘头虫幼虫被最终宿主（如鱼类、两栖类、哺乳类动物）摄食后，即可在其消化道内定殖发育成成虫，从而完成生命周期。以鱼类的棘头虫为例，棘头虫的拟蚴感染了浮游甲壳类作为中间宿主后，当鱼类摄食了这些含有拟蚴的甲壳类时，拟蚴即可在鱼的消化道内发育成成虫，并繁殖后实现传播。一旦感染了大量棘头虫，鱼类的健康和生长就会受到严重威胁。

（5）甲壳类寄生虫：像鱼虱和蟹虱这样的甲壳动物类寄生虫，其生命周期包括卵、多个无节幼体和成体阶段。卵在水中孵化后经历一系列的无节幼体阶段，例如无节幼体、桡足幼体、拟桡足幼体等，每个阶段的形态和生理状态都有所不同。以危害严重的鲑鱼虱为例，其在浮游的幼体阶段附着于鲑鱼和海鳟上，并靠进食宿主的黏液、血液和皮肤组织为生。成体阶段的鲑鱼虱雌虫会将卵产在鱼体表面，进而开启新一轮的生命周期。鲑鱼虱对养殖鲑鱼产业构成重大威胁。

四、淡水与海洋环境中寄生虫的进化转变

淡水与海洋环境之间的寄生虫进化转变是一个复杂的生物学过程，它涉及寄生虫对不同环境压力的适应和演化[9,10]。在进化史上，许多寄生虫的祖先可能起源于海洋环境，随后通过适应淡水环境而发生了分化[11]。例如，五口动物类的化石记录表明，这些寄生虫可能在奥陶纪至志留纪期间从海洋环境转移到了淡水/陆地环境。此外，线虫门的早期分支也在海洋环境中出现，但后来主要的寄生线虫类群侵入了淡水环境。在进化过程

中，寄生虫也经历了多次从淡水到海洋的反向转变适应。这种转变可能与宿主的迁移行为有关，例如，鲑鱼在洄游过程中可能携带了特定的寄生虫，如鱼虱，从海洋环境到淡水环境，反之亦然。此外，人类活动，如水产养殖和引种，在一定程度上也影响了水产寄生虫的分布和进化。比如，养殖环境的高密度可能促进了某些寄生虫的快速传播和变异；而不同地点间的养殖品种流动，则可能使原本局限的寄生虫扩散到新的环境。水体污染和气候变化等环境变迁，也为某些寄生虫向新环境转变提供了契机，促使它们通过突变和自然选择获得新的适应性状。

在分子层面上，寄生虫的基因组研究揭示了它们在适应不同水生环境中的遗传变化。例如，一些寄生虫在淡水环境中可能发展出了对低盐度环境的耐受性，这种耐受性可能通过基因突变和自然选择得以保留和传播。同时，寄生虫在适应新环境的过程中，可能会发展出新的生理功能，如改变宿主选择、优化繁殖策略或增强对环境压力的抵抗力。这些进化变化不仅对寄生虫自身的生存和繁衍至关重要，也对它们与宿主之间的相互作用产生了深远影响，进而可能影响整个水生生态系统的稳定性和多样性。

第二节 水产寄生虫在水产动物体内的繁育

一、水产寄生虫的寄主选择与适应能力

水产寄生虫与水产动物宿主存在着错综复杂的相互作用关系。为了在不同宿主体内完成生命周期，这些寄生虫展现出了高度的寄主选择能力和适应性。它们通过特定的感染机制，识别并选择最适宜的宿主物种和个体；同时还需要调节自身的生理活动以适应宿主的内环境。这种精细的相互作用过程反映了寄生虫与宿主长期进化的结果，对于维系两者关系的动态平衡至关重要。以下从寄主识别、附着和侵入、营养获取、生命周期完成等几个方面，阐述水产寄生虫在寄主选择及适应性方面的特点[12]。

1. 寄主识别、附着和侵入

寄主识别是寄生虫感染过程的第一步骤。许多水产寄生虫能够特异性地识别属于自身宿主范围的物种，通过检测宿主的化学信号如皮肤分泌

物、黏液成分等。例如，异尖线虫可以识别并针对性地寄生在海鲜类动物体内；而在甲壳纲中，有些寄生虫则专门针对虾、蟹等宿主种类。一旦识别到合适的宿主物种，寄生虫就需要紧密地附着在宿主体表或体内以实现持续的营养获取。吸虫和绦虫等内寄生虫依赖吸盘、钩子等附着器官，紧紧贴附在宿主的肠壁或组织上；而线虫则利用口钩等结构，钻入宿主体内，在体腔或组织间寄生获取营养。通过这些专门的附着机制，寄生虫可以在宿主体内长期存活，吸收所需的养分，完成自身的生命周期。

2.侵入与迁移

在成功附着后，寄生虫会进一步侵入宿主体内。这一过程可能涉及酶的分泌，如蛋白酶和胶原酶，这些酶有助于穿透宿主的组织屏障。侵入宿主后，寄生虫可能会在宿主体内进行迁移，寻找适宜的寄生位置或宿主。寄生虫侵入和迁移过程中所需的酶主要来自其分泌物和排泄物（E/S产物）。这些酶的种类多样，包括蛋白酶（如胱蛋白酶、天冬氨酸蛋白酶、丝氨酸蛋白酶等）、糖苷酶、核酸酶和脂肪酶等。它们能够降解宿主的细胞外基质、细胞连接蛋白和细胞膜成分，为寄生虫侵入和迁移扫清障碍。例如，吸虫的E/S产物中富含蛋白酶和糖苷酶，这些酶可以破坏宿主的黏膜屏障和细胞连接，从而促进其穿透和迁移。异尖线虫是一种寄生于海洋生物中的线虫。其进入鲑鱼、鳕鱼或鳟鱼的消化道后，会导致鱼体内蛋白酶增加，线虫可能迁移到腹部肌肉、肝脏等其他器官。人类在食用未充分烹饪的鱼类或鱿鱼时可能会感染这种线虫。线虫的分泌物则富含丝氨酸蛋白酶和金属蛋白酶，这有助于其在宿主组织中的移动和寄生位点的建立。同时，一些线虫还能分泌胞浆蛋白酶抑制剂，抑制宿主蛋白酶活性，从而保护自身免受宿主蛋白酶的降解。此外，为了在宿主体内迁移，一些寄生虫还发展出特殊的运动方式。例如，线虫利用其细长的体型和有节律的蠕动运动在狭窄空间中前行；吸虫则依赖其肌肉足和吸盘产生的吸力在宿主体内移动。有些寄生虫甚至能够改变宿主细胞的极性和细胞骨架，促进自身的入侵和穿透。

3.生命周期的完成

水产寄生虫在宿主体内完成其生命周期，这一过程可能包括无性繁殖、有性繁殖或两者的结合。许多寄生虫具有复杂的生命周期，其中可能涉及多个宿主。例如，粘孢子虫的生命周期包括无性生殖和有性生殖两个阶段，其有性生殖通常在特定的中间宿主（如水生昆虫）中完成；完成生命周期后，寄生虫会释放新的感染体（如孢子、卵或幼虫）进入水体，寻找新的宿主。异尖线虫的生命周期涉及多个宿主，以鱼类和鱿鱼作为中间宿主；成年异尖线虫在海洋哺乳动物的胃中生活，产卵后，卵随宿主排泄物排入海水中孵化成幼虫。这些幼虫随后被甲壳类动物摄入，并在其中发育成为感染性的第三期幼虫；当鱼类或鱿鱼摄入这些感染了异尖线虫的甲壳类动物后，幼虫便迁移到它们的肌肉组织中；最终，当海洋哺乳动物或人类食用这些感染了异尖线虫的鱼类或鱿鱼时，生命周期得以完成。

二、寄生虫对水产动物生长与发育的影响

水产寄生虫对宿主的影响是多方面的，从直接影响宿主的生长和发育，到间接影响宿主的生理和免疫系统。以下是寄生虫对水产动物生长与发育影响的几个方面。

1. 营养竞争

营养竞争是指寄生虫与宿主之间对于同一营养资源的争夺。寄生虫需要从宿主那里获取各种营养物质，如蛋白质、脂肪、糖类、维生素和矿物质等，以满足自身的生存和繁衍需求。这种营养需求可能会与宿主的需求直接发生冲突，从而导致双方之间的竞争。不同种类的寄生虫对营养资源的需求存在差异。以寄生在肠道内的线虫和绦虫为例，它们直接从宿主的消化道中吸收已被消化的营养物质，如氨基酸、单糖、脂肪酸和维生素等。这种直接竞争可能导致宿主营养不良，影响其发育和生长。而寄生在血液或组织中的寄生虫，如锥虫和异尖线虫，则主要从宿主的体液和细胞中获取营养。它们所需的营养物质更加复杂，包括蛋白质、脂质和多种矿物质。过量的寄生虫会加剧对宿主营养的消耗，引起生产性能严重下降。

除了直接竞争外，寄生虫还可能通过其他机制间接影响宿主的营养吸收和利用。例如，肠道寄生虫如绦虫和吸虫，可能通过机械损伤或分泌蛋白酶等来损害宿主的肠黏膜，阻碍宿主对营养物质的吸收。同时，它们也可能干扰胃肠蠕动，影响食物在消化道内的流动和消化效率。一些研究发现，鱼类感染绦虫后，其肠道结构和功能发生显著改变，营养吸收能力下降。车轮虫侵袭鱼类的体表和鳃组织，吸取宿主的营养物质，使幼鱼的皮肤和鳃遭到严重损伤，导致病鱼变得体弱消瘦、离群独游、减食、行动缓慢，严重感染甚至可能导致鱼的死亡。此外，血液和组织寄生虫也可能间

接影响宿主的营养代谢。以异尖线虫为例，当幼虫在鱼类肌肉中大量存在时，会激发宿主的炎症反应，释放大量细胞因子和免疫分子。这些分子不仅会加剧组织损伤，还会干扰宿主的内分泌系统，影响生长相关激素的分泌，进而干扰正常的生长发育。

2. 组织损伤

组织损伤是寄生虫感染最直接和显著的后果之一[13]。在寄生虫的侵入、迁移和寄生阶段，都可能对宿主造成不同程度的组织伤害。以鱼虱为例，它们通过钩爪和口针刺入宿主鱼的皮肤和肌肉，导致局部的组织损伤和出血。异尖线虫的幼虫在穿透鱼类的消化道壁时，也会造成相应的组织破坏。此外，一些吸虫的尾蚴在迁移至靶器官时，也会在迁移路径上造成一定的组织损伤。这种损伤不仅会引起出血等症状，还可能导致相应器官或系统的功能障碍，进而影响宿主的整体生长和发育。

另外，寄生虫在寄生位点的存在本身就会对宿主组织造成损伤。例如，绦虫附着在鱼类肠壁上，不仅会破坏黏膜上皮细胞，还会刺激局部的炎症反应，加剧组织损伤。肺吸虫在肺部的存在会导致肺组织的钙化和纤维化。异尖线虫在鱼肌肉中形成的小囊，也会使周围的肌肉组织变性和坏死。此外，一些寄生虫在完成生命周期时，也会对宿主器官造成严重损伤。如华支睾吸虫的成虫在鱼类胆管内产卵，导致胆管阻塞、扩张和炎症；而其成虫在鱼类肝脏内产卵和迁移，则会导致肝脏受损、肝纤维化和肝硬化等严重后果。这种器官损伤不仅会影响相应系统的功能，还可能危及整个机体的生命。除了直接的组织损伤外，寄生虫感染还可能间接导致宿主组织的病理改变。例如，线虫释放的代谢产物可能激起宿主的免疫病理反应，引发溃疡、坏死或肉芽肿等病变，这些免疫介导的损伤往往是全身性的，影响范围远超过寄生部位的局部。

3. 生理与免疫反应

免疫反应是宿主机体对入侵性病原体的一种保护性反应，旨在清除或控制寄生虫。然而，过度的免疫反应往往会给宿主带来额外的生理负担，影响其正常的生长发育。当寄生虫入侵后，宿主会首先启动非特异性免疫反应，如吞噬细胞的吞噬作用、补体系统的激活以及炎性细胞因子的释放等。虽然非特异性免疫反应能够暂时遏制寄生虫的扩散，但这些初步的反应往往无法完全清除入侵者。因此，宿主还会启动特异性适应性免疫反应，包括 B 细胞介导的体液免疫和 T 细胞介导的细胞免疫。B 细胞在识别寄生虫抗原后会产生特异性抗体，这些抗体可与寄生虫结合并中和其活性，或者通过激活补体系统协助杀伤和清除寄生虫。同时，记忆 B 细胞的产生也为未来的再次感染做好了准备。T 细胞则在识别被感染细胞上呈递的寄生虫抗原后被激活。细胞毒性 T 细胞可直接杀伤被寄生虫感染的细胞，而辅助性 T 细胞则通过分泌细胞因子协调其他免疫细胞的功能，如激活巨噬细胞的杀伤作用。

然而，长期和过度的免疫反应会给宿主带来额外的生理代价。持续的炎症反应会导致组织损伤和代谢紊乱。大量的细胞因子如肿瘤坏死因子等可能引起体重减轻、食欲减退等"炎症相关疾病综合征"。此外，长期高水平的应激会损害鱼类神经内分泌系统，影响相关激素的分泌，如生长激素等，从而影响生长发育。过度的免疫反应还可能导致免疫耗竭和免疫抑制，使宿主更容易受到其他病原体的感染。比如，肝肺吸虫病通常伴有程度不等的免疫抑制，使宿主更易并发其他机会性感染。这种免疫功能下降往往源于持续的炎症状态和淋巴细胞的功能障碍。寄生虫感染除了直接影响宿主外，还可能通过改变宿主的生理状态间接影响其生长发育。例如，某些寄生虫感染会导致蛋白质和其他营养物质的流失，引起营养不良；还有寄生虫的代谢产物可能对宿主的内分泌系统产生干扰，影响生长相关激素的分泌和作用。

4. 生殖能力

寄生虫感染影响宿主生殖能力的机制是多方面的。首先，寄生虫可能直接损害宿主的生殖系统。例如，绦虫和吸虫在迁移时可能会破坏宿主的生殖器官结构，影响其发育和功能。华支睾吸虫感染鱼类，可能导致宿主肝脏损伤，影响其生长发育和生殖能力。一些血液和组织寄生虫也可能干扰生殖相关激素的分泌，破坏内分泌调控。其次，寄生虫还可能通过营养竞争和免疫应激的方式间接影响宿主生殖能力。如前所述，寄生虫会与宿主竞争营养物质，可能导致宿主营养不良。而营养是维持生殖活力的基础，缺乏足够的营养供给会影响配子的形成和质量。同时，过度的免疫应激也会干扰内分泌系统，改变生长和生殖相关激素的水平。对于雌性宿主，寄生虫感染还可能影响其产卵量和孵化率。一些研究发现，感染吸虫的雌鱼产卵量显著减少，产出的卵也会存在发育缺陷。这可能与寄生虫导致的肝肾损害以及代谢障碍有关。因此，寄生虫感染对宿主繁殖力的影响包括直接损害生殖系统、内分泌紊乱、营养缺乏以及影响产卵和配子质量。这些因素不仅会影响个体生殖成功，如果在群体水平蔓延，还可能威胁整个种群的存续。

三、水产动物对寄生虫的免疫反应机制

1. 非特异性免疫反应

水产动物的非特异性免疫反应包括皮肤和黏膜的物理屏障、吞噬细胞的吞噬作用以及抗菌肽和炎症因子的分泌。这些反应能够迅速识别并清除入侵的寄生虫[14-16]。例如，鲤鱼的黏液中含有名为 Cyprinidin 的抗菌肽，这种肽能够有效地抵抗多种微生物，甚至对鱼类寄生虫也有抑制作用。在斑马鱼体内，巨噬细胞能迅速迁移至感染部位，吞噬原虫等寄生虫。当鱼类受到寄生虫如鱼虱的侵害时，会在感染部位产生炎症反应，嗜酸性粒细胞等炎症细胞聚集并释放化学物质以杀伤寄生虫，帮助控制感染。

2. 特异性免疫反应

水产动物的特异性免疫反应主要涉及 B 细胞和 T 细胞[17]。B 细胞能够产生针对寄生虫抗原的特异性抗体，而 T 细胞则能够识别并杀死被寄生虫感染的宿主细胞。目前经鉴定出多种鱼类的免疫相关基因，如 *MHC* 基因（主要组织相容性复合体）、抗体多样性基因等，这些基因在抗寄生虫免疫反应中起着关键作用。例如，鲤鱼的 *MHC* 基因在其对抗鱼类寄生虫小瓜虫的免疫反应中起到了关键作用。其中，不同的 *MHC* 基因型与鲤鱼对这种寄生虫的抗性水平有关。

3. 免疫记忆

鱼类动物在经历一次寄生虫感染后，能够产生免疫记忆，使在再次遇到同一寄生虫时能够迅速并更有效地发起免疫反应。这种免疫记忆的形成与 B 细胞和 T 细胞的长期存活有关，也与宿主的免疫记忆细胞（如记忆 B 细胞）有关。例如，鲤鱼在感染尾孢虫等寄生虫后，其免疫系统会试图将寄生虫包裹围困，形成囊肿。这可能是一种免疫记忆的体现，但具体机制需要进一步研究。

4. 抗寄生虫疫苗的免疫接种

虽然目前还没有商业化的水产动物寄生虫疫苗，但研究人员正在积极探索这一领域。通过筛选寄生虫的保护性抗原，结合佐剂和递送系统，研究人员试图开发出能够激发宿主产生长期免疫保护的疫苗。例如，针对小

瓜虫的疫苗研究已经取得了一定的进展，疫苗接种后的鱼类能够显著降低感染率和死亡率。

第三节　水产寄生虫与人的健康

一、水产寄生虫感染对人体健康的危害

水产寄生虫是指那些生活在水生动物体内或体表的寄生虫，它们可以通过食物链传播给人类[18-20]，尤其是当人们食用未经适当处理的生鱼或未煮熟的海鲜时。这些寄生虫的感染不仅会导致消化系统疾病，还可能引起全身性的健康问题，甚至在某些情况下，会导致严重的健康危机。

1. 寄生虫感染的途径

水产寄生虫感染人类的途径主要有两种：直接和间接。直接感染通常是通过食用含有寄生虫幼虫的生鱼或未煮熟的海鲜。例如，食用含有肝吸虫（如华支睾吸虫）的生鱼片可引起肝吸虫病，引起肝脏损伤、胆管炎、肝硬化甚至胆管癌等严重健康问题。间接感染则可能通过接触受污染的水源或食物，如使用受污染的刀具切割食物，或在受污染的水域中游泳。

2. 寄生虫感染的临床表现

水产寄生虫感染的临床表现多种多样，取决于寄生虫的种类、感染部位以及宿主的免疫状态。常见的症状包括以下方面。

（1）胃肠道症状：如恶心、呕吐、腹泻、腹痛等，这些症状通常与食源性寄生虫感染有关，如鱼源性吸虫、线虫和肺吸虫。

（2）全身性症状：如发热、乏力、肌肉疼痛等，这些症状可能与寄生虫在体内迁移或繁殖有关。例如，绦虫的幼虫（囊尾蚴）可在肌肉、皮肤、眼睛和中枢神经系统内发育，这可能导致剧烈头痛、失明，以及抽搐和癫痫发作等严重症状。

（3）过敏反应：某些寄生虫（如异尖线虫）在人体内死亡后，其蛋白质可能引起过敏反应，导致荨麻疹、哮喘甚至过敏性休克。

（4）慢性疾病：长期感染某些寄生虫（如肝吸虫）可能导致慢性肝病、胆管炎甚至胆管癌。

3. 寄生虫感染的诊断与治疗

诊断水产寄生虫感染通常需要结合临床症状、流行病学史和实验室检测[21]。实验室检测方法包括粪便检查、血液检查、影像学检查（如超声波、CT、MRI）以及活体组织检查等。治疗寄生虫感染的方法取决于具体的寄生虫种类，常用的治疗药物包括抗寄生虫药物（如阿苯达唑、吡喹酮等）和支持性治疗（如抗过敏药物、止痛药等）。

4. 预防措施

预防水产寄生虫感染的关键在于食品安全和个人卫生。以下是一些有效的预防措施。

（1）避免食用未经检验的生鱼或未煮熟的海鲜。

（2）在处理生鱼和海鲜时，使用专用的刀具和砧板，并在处理后彻底清洗和消毒。

（3）确保饮用水和游泳水的卫生安全。

（4）在食用生鱼片等生食前，了解当地的寄生虫感染情况，并选择信誉良好的供应商。

（5）加强对水产养殖环境的监管，减少寄生虫的传播途径。

二、水产品供应链中的潜在寄生虫传播途径

水产品供应链是一个复杂的系统，从捕捞、养殖、加工、运输到最终的销售和消费，每个环节都可能成为寄生虫传播的潜在途径[22]。了解这些途径对于制定有效的预防措施和保障食品安全至关重要。

1. 捕捞与养殖环节

在捕捞和养殖环节，水产品可能直接接触到含有寄生虫的水源。例如，养殖鱼类可能因为使用了未经处理的天然水源或者与野生鱼类共用水源而感染寄生虫。此外，养殖环境中的密度过高、卫生条件不佳也可能导致寄生虫的快速传播。

2. 加工环节

在加工环节，如果加工设施的卫生条件不达标，或者加工过程中未能有效杀灭寄生虫，那么寄生虫就有可能通过加工后的水产品传播给消费者。例如，冷冻、腌制、烟熏等加工方法可能无法完全杀死所有的寄生虫幼虫，尤其是那些对低温和盐分具有抵抗力的寄生虫。

3. 运输与储存环节

在运输和储存环节，不当的温度控制和卫生管理可能导致寄生虫的存活和繁殖。例如，如果运输过程中温度控制不当，使水产品处于寄生虫生长的适宜温度范围内，那么寄生虫就有可能在运输过程中增殖。此外，交叉污染也是运输和储存过程中的一个重要问题，如使用同一运输工具或储存设施处理不同种类的水产品，可能会造成寄生虫的传播。

4. 销售与消费环节

在销售环节，如果零售商未能提供适当的冷藏设施，或者在展示和销售过程中未能遵循良好的卫生操作规范，都可能导致寄生虫的传播。在消费环节，消费者如果选择食用未经充分烹饪的生鱼片或其他海鲜，就可能直接摄入寄生虫。

5. 预防与控制措施

为了预防和控制水产品供应链中的寄生虫传播，需要采取一系列措施。

（1）加强对养殖水源的监测和管理，确保水质安全。

（2）提高加工环节的卫生标准，确保加工过程中能有效杀灭寄生虫。

（3）在运输和储存环节实施严格的温度控制和卫生管理措施。

（4）在销售环节提供适当的冷藏设施，并加强员工的卫生操作培训。

（5）提高消费者的食品安全意识，倡导充分烹饪水产品，避免食用未经处理的生鱼。

三、水产品中寄生虫潜在食品安全风险的检测与评估标准

为确保水产品的安全，特别是在识别和控制水产品中寄生虫的潜在风险，世界卫生组织（WHO）和联合国粮农组织（FAO）等国际组织提供了关于食品安全的指导原则[23]。这些标准覆盖了整个供应链，从捕捞、加工到销售，旨在减少寄生虫感染对消费者健康的影响，其中包括对水产品中寄生虫的检测和控制。例如，国际食品法典委员会制定了关于鱼类和贝类中寄生虫污染的指南，这些指南为成员国提供了统一的食品安全标准。

针对水产品中寄生虫的检测方法多种多样。传统的显微镜检查是最常用的方法之一。此外，分子生物学方法如聚合酶链反应（PCR）技术、免

疫学检测如酶联免疫吸附试验（ELISA），以及生物检测方法也被广泛应用。这些方法各有优劣，选择合适的检测方法取决于具体情况和需求，以确保对水产品中寄生虫的准确检测和监测[24, 25]。具体如下：

（1）显微镜检查：这是最传统的检测方法，通过直接观察样品来识别寄生虫的存在。这种方法简单、成本较低，但可能需要专业的技术人员或寄生虫学家来准确识别。

（2）分子生物学方法：如聚合酶链反应（PCR）技术，可以特异性地检测特定寄生虫的遗传物质。这种方法灵敏度高，但需要专业的实验室设备和技术人员。

（3）免疫学检测：如酶联免疫吸附试验（ELISA），可以检测寄生虫的抗原或宿主产生的抗体。这种方法适用于大量样品的快速筛查。

（4）生物检测：将样品喂给实验动物，观察是否出现寄生虫感染。这种方法虽然直观，但存在伦理和时间成本问题。

目前，国家卫生健康委发布的新食品安全国家标准中，包括了水产品及其制品中寄生虫检验的标准[26]。食品安全国家标准动物性水产制品中规定了即食生制动物性水产制品应符合寄生虫指标的要求，如吸虫囊蚴和线虫幼虫不得检出。评估水产品中寄生虫风险的标准通常包括限量标准、风险评估和卫生操作程序，具体如下：

（1）限量标准：设定特定寄生虫在水产品中的最高允许浓度，超过这个浓度的产品将被视为不合格。

（2）风险评估：通过定量风险评估（QRA）方法，评估消费者因食用含有寄生虫的水产品而患病的概率。

（3）卫生操作程序（危害分析和关键控制点，HACCP）：在水产品的生产过程中实施 HACCP，以识别和控制寄生虫污染的风险点。

第四节　全球水产寄生虫防控措施

一、国内外水产寄生虫防控政策与法规

在全球范围内，水产寄生虫的防控是确保食品安全和公共卫生的重要

环节。为此，各国政府及国际组织如世界卫生组织和国际食品法典委员会已经出台了多项政策和法规，旨在减轻寄生虫对健康的影响。WHO 强调了食品安全的关键要素，包括保持清洁、生熟分开、彻底煮熟、安全温度下保存食物以及使用安全的水和原材料，并特别提醒了食用生鱼或未充分煮熟的海鲜可能增加寄生虫感染的风险。同时，国际食品法典委员会制定了一系列国际食品标准，如 Codex Stan 94—1981 规定了冷冻鱼的标准，要求冷冻过程中必须达到特定的温度和持续时间以确保杀死寄生虫。该组织还提供了技术指南，比如使用烛光检查法来检测和控制鱼肉中的寄生虫。

各个国家和地区都对水产肉类的寄生虫防控制定了相关的政策与法规，涵盖了中国、欧盟、美国和日本等国家和地区[27, 28]。我国政府通过《水产养殖质量安全管理规定》等法规，要求水产养殖企业建立和实施质量安全管理体系，同时在《中华人民共和国食品安全法》中规定食品生产经营者应保证食品不受污染，并采取有效的预防和控制措施，特别是针对可能含有寄生虫的食品。欧盟颁布了《关于食品中寄生虫的法规》，要求成员国监控水产寄生虫并采取必要的预防措施，同时规定冷冻鱼产品必须达到特定的冷冻条件以确保杀死寄生虫。美国食品药品监督管理局（FDA）发布了《海产品危害分析和关键控制点（HACCP）指南》，其中包含了针对水产寄生虫的防控措施和检测方法标准。而日本则依据食品卫生法和生食鱼贝类寄生虫控制法，要求食品生产经营者对可能含有寄生虫的食品进行严格检查和处理，以确保食品安全。

二、水产寄生虫防控技术与方法的研究与应用

水产寄生虫的防控技术与方法的研究与应用是确保水产食品安全的关键环节。随着科学技术的进步，多种创新的防控技术被开发出来，并在实际生产中得到应用。以下是一些主要的水产寄生虫防控技术与方法的研究与应用情况[29]。

物理防控方法在水产寄生虫的控制中发挥重要作用，其中包括冷冻处理、热处理和紫外线照射等技术。冷冻是常见的方法之一，通过将水产品冷冻至 -20℃以下并保持一定时间，可以有效杀死大部分寄生虫。例如，要杀灭异尖线虫属的寄生虫，可以在 -20℃下冷冻 24 h 或在 -35℃下冷冻 15 h。研究人员还在探索更高效的冷冻方法，如液氮冷冻。另一种方法是

热处理，它通过将鱼肉加热至60℃以上并保持一段时间，可以有效杀灭寄生虫，这在加工熟食鱼类产品时尤为重要。此外，紫外线照射作为一种非热处理的物理防控方法，可以通过破坏寄生虫的DNA来达到杀灭效果，对于控制如粘孢子虫属的某些水产寄生虫非常有效。

化学防控方法在水产寄生虫的控制中起着重要作用，其中包括使用化学药物和天然提取物。传统的化学药物，如甲醛和碘溶液，通常用于浸泡或喷洒鱼体，但由于它们可能对环境和人类健康产生负面影响，其使用正受到越来越多的限制。因此，研究者们正在尝试探索天然提取物作为替代品，如植物精油等。这些天然提取物通常具有较低的毒性和环境影响，但对其防控效果和稳定性还需要进一步研究和验证。这种转向天然提取物的趋势反映了对环境友好和人类健康安全性的重视，同时也促进了更可持续的寄生虫防控方法的发展和应用。

生物防控方法在水产寄生虫的控制中具有潜在的重要性，其中包括益生菌和寄生虫疫苗[30]。益生菌是指那些对宿主有利的活微生物，它们能够改善鱼类肠道环境并增强其抵抗力，从而降低寄生虫的感染率。研究表明，一些益生菌如乳酸菌、酵母菌等，可以显著降低鱼类体内寄生虫的感染率。另外，寄生虫疫苗的研究是生物防控领域的前沿课题，通过接种疫苗，可以激发鱼类产生针对特定寄生虫的免疫反应。尽管目前水产寄生虫疫苗的研究尚处于初级阶段，但已有一些研究取得了积极进展，如针对粘孢子虫属寄生虫的疫苗。生物防控方法的发展有望为水产养殖业提供更可持续和环保的寄生虫控制解决方案，同时也为保障食品安全和公共健康作出贡献。

中药防控方法在水产寄生虫的控制中发挥着重要作用，包括中药提取物、中药复方、中药熏蒸和中药浴等。中药提取物指的是从中药材中提取的具有抗菌、抗炎和驱虫作用的有效成分，它们因其天然来源、低毒性和无残留的特性而在水产寄生虫防控中受到重视。例如，黄连、黄柏、苦参等中药材中的生物碱、酚类成分对某些水产寄生虫具有杀灭或抑制作用。中药复方是将多种中药材按一定比例配伍而成的方剂，具有多靶点、多途径的防控效果，可作为饲料添加剂提高鱼类抵抗力。中药熏蒸和中药浴则是利用中药挥发性成分进行空间消毒和直接作用于鱼体表面，以减少寄生虫传播和增强鱼类免疫力。这些中药防控方法具有悠久的历史和丰富的经验，为水产寄生虫控制提供了一种独特而有效的途径，也体现了对自然和环境的尊重和保护。

综合防控策略在水产寄生虫的控制中具有重要意义，主要包括综合管理和风险评估与监测两方面。综合管理是指采用多种防控措施，构建一个多层次的管理体系。通过改善养殖环境、优化饲料配方、定期进行水质检测等措施，可以降低寄生虫的感染风险。这种策略强调以预防为主，通过提高鱼类的整体健康水平，减少寄生虫的感染和传播，从而有效控制疾病的发生和传播。风险评估与监测则是对水产寄生虫可能对人类健康造成风险的识别和评价过程。通过监测水产养殖环境、饲料、水源等因素，可以及时发现寄生虫的感染情况，进而采取针对性的防控措施。监测工作对于指导防控措施的实施至关重要，它可以帮助养殖者和监管机构作出科学决策，保障水产养殖的可持续发展和食品安全。综合防控策略的实施需要充分考虑养殖环境、饲料管理、疫病防控等多方面因素，通过多层次、多角度的手段，全面提升水产养殖系统的抗病能力，从而有效控制寄生虫病害，保障水产品的质量和安全。

三、全健康视角下全球水产寄生虫的防控及其挑战

在全球范围内，水产寄生虫的防控是一个复杂且充满挑战性的任务，尤其是在全健康（One Health）视角下。全健康是一种全球健康策略，它强调人类、动物和环境健康之间的相互联系[31]。在水产寄生虫的防控方面，这一视角尤为重要，因为水产寄生虫不仅影响水生动物的健康，也可能对人类健康构成威胁，并且与环境健康密切相关。通过跨学科合作，整合人类医学、兽医学、生态学、环境科学等领域的知识和资源，可以更全面地了解寄生虫的生命周期、传播途径和影响因素，从而制定更有效的防控措施。生态系统管理方面，全健康倡导对水产养殖环境进行综合管理，以减少寄生虫的滋生和传播。例如，通过改善水质、控制养殖密度和使用生态友好的饲料和养殖技术，可以有效减少寄生虫的发生。保护和恢复水生生态系统，如湿地和河流，同样也有助于维持生态平衡，并减少寄生虫宿主的数量。在全球监测与信息共享方面，建立全球性的寄生虫监测网络对于及时发现和应对疾病暴发至关重要。例如，国际水产健康委员会和世界卫生组织等国际组织在全球范围内监测水产寄生虫疾病，并通过信息共享和技术支持来提高各国的防控能力。此外，公共卫生教育也非常重要，

它可以提升公众对水产寄生虫风险的意识，并教育人们正确的食品处理和消费习惯，从而有效预防寄生虫病。综合应用全健康策略将有助于提升水产寄生虫防控效果，并促进健康、可持续的水产养殖发展。

水产寄生虫防控面临着多方面的挑战。首先是资源分配不均，发达国家和发展中国家在防控投入和能力上存在显著差异，这可能导致发展中国家在实施防控措施和建设监测系统方面面临困难。其次是环境变化和全球化给防控工作带来挑战，气候变化、海洋酸化和水体污染影响了寄生虫的生存和传播，而全球化贸易则加速了水产品流通速度，从而可能加剧寄生虫病的传播风险。此外，病原体抗药性的发展也给防控工作带来了难题，迫切需要国际合作来研究新的防控手段和替代策略。最后是法规与政策执行方面也存在挑战，尽管已有相关法规和政策，但它们的执行力度和效果仍有待加强，这要求有强有力的监管机构、足够的资金支持以及公众的广泛参与。全健康视角为全球水产寄生虫防控提供了一个全面且整合的框架。然而，要实现这一策略的潜力，就必须克服资源分配不均、应对环境变化、对抗病原体抗药性以及强化法规执行等挑战。通过增强国际合作、提升公众意识、推动科学研究和技术创新，可以提高全球水产寄生虫防控的效果，并保护人类、动物和环境的健康。

主要参考文献

[1] Alvarez Pellitero P. Fish immunity and parasite infections: From innate immunity to immunoprophylactic prospects. Vet Immunol Immunopathol, 2008, 126: 171-198.

[2] Americus B, Lotan T, Bartholomew J L, et al. A comparison of the structure and function of nematocysts in free living and parasitic cnidarians (Myxozoa). Int J Parasitol, 2020, 50: 763-769.

[3] Bao M, Pierce G J, Strachan N J C, et al. Human health, legislative and socioeconomic issues caused by the fish borne zoonotic parasite Anisakis: Challenges in risk assessment. Trends Food Sci Technol, 2019, 86: 298-310.

[4] Barzegar M, Raissy M, Shamsi S. Protozoan parasites of iranian freshwater fishes: review, composition, classification, and modeling distribution. Pathogens, 2023, 12: 651. doi: 10.3390/pathogens12050651.

[5] Butt U D, Lin N, Akhter N, et al. Overview of the latest developments in the role of probiotics, prebiotics and synbiotics in shrimp aquaculture. Fish Shellfish Immunol,

2021, 114: 263-281.

[6] Chalmers R M, Robertson L J, Dorny P, et al. Parasite detection in food: Current status and future needs for validation. Trends Food Sci Technol, 2020, 99: 337-350.

[7] Kang H K, Seo C H, Park Y. Marine peptides and their anti infective activities. Mar Drugs, 2015, 13: 618-654.

[8] Leung T L F. Fish as parasites: An insight into evolutionary convergence in adaptations for parasitism. J Zool, 2014, 294: 1-12.

[9] Li H, Chen Y, Machalaba C C, et al. Wild animal and zoonotic disease risk management and regulation in China: Examining gaps and One Health opportunities in scope, mandates, and monitoring systems. One Heal, 2021, 13: 100301.

[10] Li M, Li W, Zhao W, et al. Seventy years of development of freshwater fish parasitology in China. J Fish China, 2023, 47: 1-10.

[11] Li R, Hou Y, Gao Y, et al. Immune defense enzymes: Advances in L amino acid oxidase of marine animals. Aquac Res, 2018, 49: 2085-2090.

[12] Lima dos Santos C A M, Howgate P. Fishborne zoonotic parasites and aquaculture: A review. Aquaculture, 2011, 318: 253-261.

[13] Madsen H, Stauffer J R. Aquaculture of animal species: Their eukaryotic parasites and the control of parasitic infections. Biology (Basel), 2024, 13: 41.

[14] Mehlhorn H. Animal parasites: Diagnosis, treatment, prevention. Anim Parasites Diagnosis, Treat Prev, 2016, 1: 719.

[15] Moratal S, Dea Ayuela M A, Cardells J, et al. Potential risk of three zoonotic protozoa. Foods, 2020, 9: 1-19.

[16] Murrell K D, Fried B, Sorvillo F J. Food borne parasitic zoonoses: Fish and plant borne parasites. World Class Parasites, 2008, 14(9): 434.

[17] Okamura B, Gruhl A, De Baets K. Evolutionary transitions of parasites between freshwater and marine environments. Integr Comp Biol, 2022, 62: 345-356.

[18] Paladini G, Longshaw M, Gustineiii A, et al. Parasitic diseases in aquaculture: Their biology, diagnosis and control. Diagnosis Control Dis Fish Shellfish, 2017. DOI: 10.1002/9781119152125.ch4.

[19] Poulin R. Greater diversification of freshwater than marine parasites of fish. Int J Parasitol, 2016, 46: 275-279.

[20] Quiazon K M A. Updates on Aquatic parasites in fisheries: Implications to food safety,

[21] Ramos P. Parasites in fishery products laboratorial and educational strategies to control. Exp Parasitol, 2020, 211: 107865.

[22] Robertson L J. The potential for marine bivalve shellfish to act as transmission vehicles for outbreaks of protozoan infections in humans: A review. Int J Food Microbiol, 2007, 120: 201-216.

[23] Sapkota A, Sapkota A R, Kucharski M, et al. Aquaculture practices and potential human health risks: Current knowledge and future priorities. Environ Int, 2008, 34: 1215-1226.

[24] Sayyaf Dezfuli B, Lorenzoni M, Carosi A, et al. Teleost innate immunity, an intricate game between immune cells and parasites of fish organs: who wins, who loses. Front Immunol, 2023, 14: 1-12.

[25] Scholz T. Life cycles of species of *Proteocephalus*, parasites of fishes in the Palearctic Region: A review. J Helminthol, 1999, 73: 1-19.

[26] Shamsi, Shokoofeh. Fish parasites: A handbook of protocols for their isolation, culture and transmission european association of fish. Pathologists, 2022. DOI: 10.1007/s00436 022 07503 w.

[27] Sumner J, Ross T. A semi quantitative seafood safety risk assessment. Int J Food Microbiol, 2002, 77: 55-59.

[28] Williams M, Hernandez Jover M, Shamsi S. A critical appraisal of global testing protocols for zoonotic parasites in imported seafood applied to seafood safety in Australia. Foods, 2020, 9: 448.

[29] Williams M, Hernandez Jover M, Shamsi S. Fish substitutions which may increase human health risks from zoonotic seafood borne parasites: A review. Food Control, 2020, 118: 107429.

[30] Woo P T K. Fish Parasites Pathobiology and Protection. 2012: 163-176 bl.

[31] Ziarati M, Zorriehzahra M J, Hassantabar F, et al. Zoonotic diseases of fish and their prevention and control. Vet Q, 2022, 42: 95-118.

第五章
鱼类寄生虫智能无损检测方法研究

鱼类寄生虫检验方法有国家标准，主要是用显微镜观察，但因前处理要进行鱼肉蛋白、脂肪等酶解，耗时较长，不太适合快速检测和整鱼检测。本研究是基于成像设施智能无损检测研究的初步结果。

第一节　基于光谱成像技术检测鱼类寄生虫背景与意义

一、鱼类寄生虫检测的必要性

鱼类作为一种广受欢迎的食物，在全球范围内拥有庞大的消费群体。然而，鱼类寄生虫的存在对渔业的发展构成了严重威胁。常见的鱼类寄生虫可分为两类：一类寄生虫会导致大量鱼类死亡，严重破坏当地渔业和生态系统，例如单殖吸虫、旋口虫和锚头鳋等[1]；另一类在人们食用生鱼片等生食鱼类时会对人体健康构成风险，引发腹痛、腹泻、呕吐和器官损伤等问题，例如绦虫、线虫和华支睾吸虫等[2]。全球各个国家和地区纷纷颁布实施禁止进口被寄生虫污染的鱼类的法规。目前，化学防治已被证实对鱼类寄生虫具有一定效果，但长期使用易导致寄生虫产生抗药性[3]。因此，开发高效、准确的鱼类寄生虫检测技术显得尤为迫切，这对于维护渔业高质量发展、保护消费者健康具有重要意义。

二、鱼类寄生虫检测的传统方法及存在的问题

鱼类寄生虫的传统检测方法主要包括目测、显微镜检测、间接生化指标检测以及分子生物学检测等。目测法是通过用眼睛观察解剖后的鱼的内脏和肌肉状况来进行初步判断，该方法简单易行、成本低廉，但是具有较强的主观性，高度依赖于观察者的专业知识水平。显微镜检测是通过显微镜观察所制备的鱼组织样本，可以直接观察到寄生虫的形态特征，但是过程既烦琐又耗时，需要专业的实验室设备和操作技能。间接生化指标检测是通过检测指示寄生虫感染的生化标志物变化来确定是否存在寄生虫感染。这种方法可以提供寄生虫感染的生物化学证据，但是方法较为复杂、耗时，并且容易出现假阳性结果，给后续判断和处理带来困扰。近年来，分子生物学技术发展迅猛，在鱼类寄生虫检测领域也得到了越来越广泛的应用。其中，聚合酶链式反应等方法成为常用的检测手段。分子生物学检测虽然具有较高的准确性，但涉及复杂而漫长的操作流程，需要在特定条件下对寄生虫 DNA 进行定性和定量分析。总的来说，上述这些传统的鱼类寄生虫检测方法都存在着费工费时的问题，并且由于其操作的复杂性和对特定条件的要求，不容易被水产行业广泛采用，大多只适用于抽样调查的情况，难以满足水产品生产、加工、销售等各个环节进行广泛质量控制的需求。鉴于传统检测方法所存在的诸多局限性，开发一种无损、快速、可靠的鱼类寄生虫检测技术显得尤为迫切，这对于提高水产品的安全性、保护消费者健康以及促进国际贸易具有重要意义。

三、可见/近红外光谱技术检测鱼类寄生虫的可行性

无损检测技术，又称为非破坏检测，即在不破坏样品的情况下对其进行品质评价的方法。当前，无损检测技术已在食品质量评价中得到广泛应用，尤其为解决农产品种植及食品加工等过程中面临的质量评价难题提供了诸多可行的解决方案[4]。常用的无损检测技术包括机器视觉[5]、电子鼻[6]以及可见/近红外（VIS/NIR）光谱[7]。机器视觉基于计算机视觉原理，通过摄像头捕捉样品的外观特征，并运用图像处理算法进行分析。然而，该技术只关注样品的外观，难以捕捉到鱼类寄生虫的具体特征。电子鼻的工作原理是模仿人类嗅觉系统，通过一系列化学敏感传感器来检测、

分析样品释放的挥发性有机化合物，从而实现目标物的有效识别。然而，电子鼻技术在实际应用中存在诸多不便。例如，由于需要进行挥发性采样以及对传感器进行定期清洗等操作，使其检测每个样本所需的时间较长，至少需要 1 min，在一定程度上限制了电子鼻在快速检测鱼类寄生虫方面的应用。

可见/近红外（VIS/NIR）光谱通过测量样品对不同波长光的吸收或反射特性，能够获取样品的化学组成和物理性质。VIS/NIR 具有诸多显著优势，不仅操作简便、成本低廉，而且能够在不破坏样品的情况下进行快速、准确的检测，这对于保持鱼类样本的完整性具有重要意义。VIS/NIR 技术可以分为光纤光谱与成像光谱两类。光纤光谱仅能聚焦于样品的某一点，只能获取该单点处的光谱信息，而成像光谱可以覆盖样品的整个表面。相较于光纤光谱，成像光谱能够捕获每个被测像素的可见光谱和近红外光谱数据，进而获取整个区域的综合信息，为样品的综合分析提供了丰富的数据支持。目前，VIS/NIR 技术在食品质量和安全领域已得到广泛应用，包括疾病监测[8]、虫害检测[9]以及蛋白质[10]和脂肪[11]含量评估。然而，鱼类寄生虫是否能通过可见光/近红外高光谱成像技术检测出来还是个未知数。寄生虫的微小体积可能导致其在光谱检测中产生的信号相对微弱，不易被准确识别和区分，这对 VIS/NIR 技术在鱼类寄生虫检测方面的应用提出了挑战。

第二节 整鱼华支睾吸虫无损检测

麦穗鱼（*Pseudorasbora parva*）是一种原产于中国、俄罗斯、韩国和日本的淡水鱼，目前已被引入全球 30 多个国家。然而，该物种具有较高的感染寄生虫风险[12]，其中华支睾吸虫是一种常见的寄生虫。笔者对中国野生麦穗鱼的华支睾吸虫感染率进行了调查，结果显示感染率为 31.82%。因此，针对受华支睾吸虫感染的麦穗鱼，我们利用 VIS/NIR 高光谱成像技术，开发一种高效的鱼类寄生虫无损检测方法，具体研究目的如下：①确定鱼类寄生虫无损检测的最佳处理和建模技术；②确定在寄生虫非破坏性检测中提取 VIS/NIR 光谱的最佳鱼体部位；③确定能够有效进行寄生虫非破坏性检测的最小 VIS/NIR 光谱提取区域。

一、麦穗鱼样本获取

由于寄生虫感染使鱼类难以在实验室中人工培育，本研究中使用的麦穗鱼均为野生样本。样本于2023年2月17日在广州市广东省农业科学院白云基地室外实验场采集。人工捕获的麦穗鱼样本共计66条，并迅速运送至附近实验室进行检测。

二、VIS/NIR 高光谱成像平台搭建

图 5-1 展示了用于麦穗鱼采样的 VIS/NIR 高光谱成像平台。该平台由 1 台 Pika XC2 光谱仪（Resonon Inc., Bozeman, MT, USA）和 8 个 50 W 卤素灯组装而成。该光谱仪采用线阵 CCD 推扫式成像相机。为了确保全面获取高光谱图像，载物台配备了一个样品位移台，使相机的扫描速度与光谱仪同步。光谱仪与载物台之间的距离为 39 cm，光源与载物台之间的距离为 22 cm。

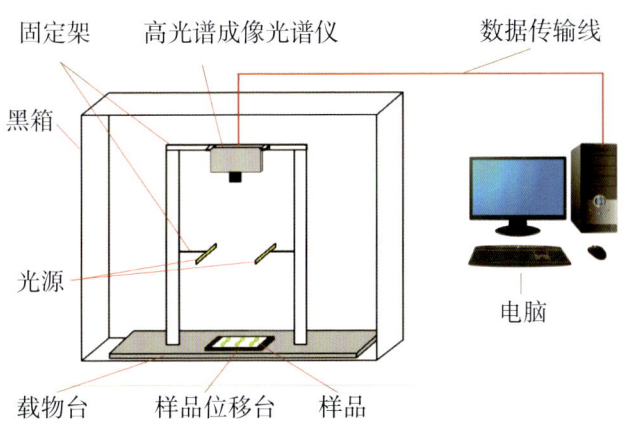

图 5-1 VIS/NIR 高光谱成像平台示意图

高光谱原始图像为 1 200 px × 1 600 px 阵列，波段范围为 386.37～1 102.86 nm。采集过程中，将 6 条鱼样本排列在一张白色 A4 纸上并同时进行拍摄。采集参数如下：积分时间为 11.87 ms，帧率为 83.19 fps，线宽为 52 nm，扫描速度为 15.87 cm/s，移动速度为 14.99 cm/s，点动速度为 1.587 cm/s。

三、寄生虫感染观测

华支睾吸虫通常位于鱼肌肉组织或内脏器官中。采集光谱后，对整条鱼进行研磨处理，将15 g胃蛋白酶、8 mL 36%盐酸与0.9%的生理盐水配制成1 000 mL胃蛋白酶溶液，随后将鱼与胃蛋白酶按照1∶10的比例进行20 h的胃蛋白酶消化。消化完成后，采用60目宽筛收集滤液，并在静置30 min后去除上清液。采用生理盐水对剩余残渣进行彻底清洗，再通过200目细筛过滤，最后使用光学显微镜寻找囊尾蚴的是否存在[15]。在研究所使用的66条麦穗鱼样本中，唯一检测到的寄生虫为华支睾吸虫，这是寄生于麦穗鱼的主要寄生虫种类。结果显示，66条鱼中有21条感染了华支睾吸虫，感染率为31.82%。

四、鱼体不同部位的光谱提取

利用VIS/NIR高光谱成像数据提取包含615.98 nm、549.62 nm和470.39 nm波长的RGB图像（图5-2a）。为了研究鱼不同部位寄生虫检测的有效性，每个鱼样本被分为五个部分：头部、背部、腹部、尾部和鳍部（图5-2b）。从整条鱼及其各个部分提取VIS/NIR光谱，以确定最适于寄生虫检测的区域。在高光谱成像中，像素大小的选择是一个关键参数，直接影响到数据质量和检测效果。像素大小过大会增加计算负担，而像素大小过小则可能降低信噪比，导致光谱曲线不平滑。因此，本研究通过多次实验，对比分析发现，15 px×15 px的像素大小产生了相对平滑的光谱曲线，为最佳像素大小（图5-2b）。

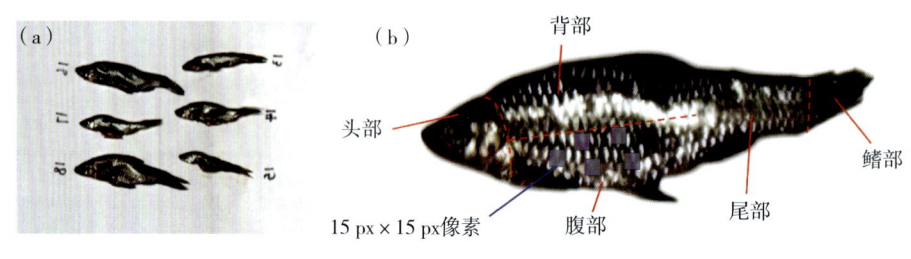

图5-2　鱼样本

（a）RGB图像；（b）用于光谱提取的不同部位及最小像素尺寸

五、鱼体光谱预处理和建模方法

数据处理过程中，通过提取特定区域的平均光谱来代表鱼样本的特征。然而，原始光谱数据往往存在多种噪声干扰，这会对后续分析造成不利影响。因此，我们分别采用 Savitzky-Golay 滤波器（SG）[16]、标准正态变量（SNV）[17] 对光谱数据进行预处理，以减少抖动噪声和散射噪声。为了从经过预处理的光谱数据中提取出最具代表性和有效性的特征信息，笔者团队对多种特征提取方法进行了研究，包括主成分分析法（PCA）[18]、连续投影算法（SPA）[19] 和竞争性自适应重加权采样法（CARS）[20]。为确定最优检测模型，我们采用了多种建模方法，包括偏最小二乘法判别分析（PLS-DA）[21]、支持向量机（SVM）[22] 和随机森林（RF）[23]。建模过程中，将感染和未感染的鱼随机分为三组。每次检测均进行三折交叉验证，其中一组感染样本和一组未感染样本交替作为验证集（22 个样本），而另外两组作为建模集（44 个样本）。通过分析整条鱼区域的平均光谱，确定了最佳的预处理和建模方法。随后，为了进一步优化检测方法，利用不同鱼部位的平均光谱来确定最有效的检测方法。此外，为了提高计算效率，该研究通过评估模型在不同数量的最小单元上的检测效果，探究最小有效光谱提取区域。

六、基于整鱼 VIS/NIR 光谱的寄生虫检测

基于整鱼 VIS/NIR 光谱的华支睾吸虫检测结果如表 5-1 所示。可以发现，最优检测方法为原始光谱 +SNV+CARS+PLS-DA 组合，建模集和验证集的检测准确率分别达到 99.99% 和 90.90%。准确率的提高与感染和未感染鱼样本数据之间更高的标准偏差值相关。图 5-3a 展示了整鱼原始光谱，基于原始光谱的 PLS-DA 检测结果并不理想。由于光谱已经足够平滑，应用 SG 处理并未提高检测准确率。相反，原始光谱之间离散程度相对较高（图 5-3a），经 SNV 处理后，其聚类性能显著增强（图 5-3b），从而提高了寄生虫检测的准确率。在特征选择中，CARS 的性能优于 PCA 和 SPA。这归因于 CARS 是一种监督式特征选择方法，它根据输入和输出数据之间的关系选择特征，而 PCA 和 SPA 是非监督方法，仅依赖于输入数据的差异。对于建模效果，PLS-DA 优于 SVM 和 RF。PLS-DA 侧重于

表 5-1 基于整鱼 VIS/NIR 光谱的不同处理和建模方法的寄生虫检测结果

方法	参数	建模集准确率					预测集准确率				
		Fold1	Fold2	Fold3	均值	标准偏差	Fold1	Fold2	Fold3	均值	标准偏差
原始光谱+PLS-DA	LVs=7	72.73	59.09	72.73	68.18	0.17	59.09	77.27	59.09	65.15	0.21
原始光谱+SG+PLS-DA	LVs=7	72.73	59.09	72.73	68.18	0.16	59.09	77.27	59.09	65.15	0.21
原始光谱+SNV+PLS-DA	LVs=15	86.36	90.90	97.72	91.66	0.46	63.63	81.81	59.09	68.18	0.22
原始光谱+SNV+PCA+PLS-DA	PCs=31 LVs=2	93.18	95.45	99.99	96.21	0.47	59.09	59.09	59.09	59.09	0.19
原始光谱+SNV+SPA+PLS-DA	LVs=5	86.36	93.18	93.18	90.91	0.46	59.09	63.63	63.63	62.12	0.21
原始光谱+SNV+CARS+PLS-DA	LVs=18	99.99	99.99	99.99	99.99	0.48	95.45	90.90	86.36	90.90	0.49
原始光谱+SNV+CARS+SVM	$c=1$ $\gamma=1E-03$	72.72	63.64	68.18	68.18	0.17	59.09	77.27	68.18	68.18	0.22
原始光谱+SNV+CARS+RF	NL=15 MAD=3 MIS=3 MIL=3	86.36	81.81	90.90	86.36	0.44	63.64	77.27	68.18	69.69	0.23

注：LVs 为 PLS-DA 潜在变量个数；PCs 为 PCA 主成分个数；c、γ 分别为 SVM 惩罚系数、支持向量数；NL、MAD、MIS、MIL 分别是 RF 学习器的数量、决策树的最大深度、内部节点分裂所需的最小样本数、叶节点的最小样本数

输入和输出数据之间的线性相关关系,而 SVM 和 RF 则强调非线性相关关系。因此,可以推断,在鱼类寄生虫检测模型中,线性相关性的贡献比非线性相关性更为重要。

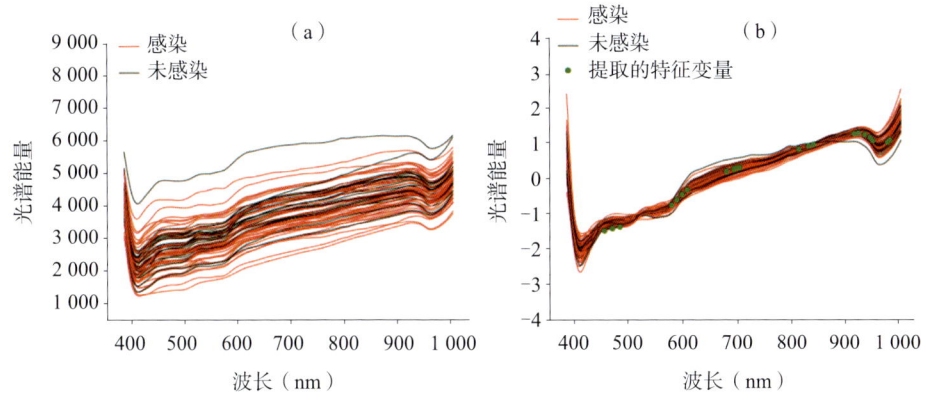

图 5-3 整鱼的光谱曲线

(a)原始光谱;(b)SNV+CARS 光谱

七、基于鱼不同部位 VIS/NIR 光谱的寄生虫检测

为了探究采用鱼不同部位 VIS/NIR 光谱对华支睾吸虫检测的影响,对不同部位的样本进行方差分析。结果显示,腹部呈现出最高的 F 值(1.47)和最低的 P 值(0.23),这表明与其他部位(头部、尾部、鳍部和背部)相比,腹部的感染状况存在显著差异(表 5-2)。

表 5-2 鱼不同部位的方差分析

鱼的不同部位	头部	背部	腹部	尾部	鳍部
F 值	0.31	0.01	1.47	0.12	0.11
P 值	0.58	0.94	0.23	0.73	0.74

这些发现与高光谱成像检测结果(表 5-3)一致。图 5-4a 至图 5-4i 展示了头部、背部、腹部、尾部和鳍部的原始光谱和经过 SNV 预处理的光谱。值得注意的是,与其他部位相比,背部原始光谱的聚类性能(图 5-4c)相对较差,可能是由于背部区域的曲率较大,引入了更多的散射噪声。因此,背部的 SNV 光谱(图 5-4d)显示出比其他区域更大

的抖动噪声。此外，相对于头部（图 5-4a）和腹部（图 5-4e），尾部（图 5-4g）和鳍部（图 5-4i）的原始光谱显得更为平缓。由此可以推断，头部和腹部的光谱能够捕捉到更多的鱼类特征信息。基于不同鱼部位光谱的建模结果（原始光谱+SNV+CARS+PLS-DA）（表 5-3）与图 5-4 中显示的光谱特征一致。寄生虫检测准确率从高到低的排序如下：腹部＞头部＞尾部/鳍部＞背部。值得注意的是，使用腹部光谱进行检测的验证集准确率（93.93%）超过了使用全鱼光谱的检测准确率。这表明去除适当冗余信息可以进一步提高检测准确率。

表 5-3 基于鱼不同部位光谱的寄生虫检测结果

部位	LVs	建模集准确率					预测集准确率				
		Fold1	Fold2	Fold3	均值	标准偏差	Fold1	Fold2	Fold3	均值	标准偏差
头部	11	97.73	88.64	97.73	94.70	0.42	99.99	90.91	86.36	92.42	0.49
背部	15	97.73	99.99	97.73	98.48	0.44	86.36	90.91	86.36	87.88	0.46
腹部	13	99.99	99.99	97.73	99.24	0.45	99.99	95.45	86.36	93.93	0.49
尾部	23	99.99	99.99	99.99	99.99	0.45	95.45	86.36	90.91	90.91	0.48
鳍部	13	99.99	99.99	99.99	99.99	0.44	86.36	90.91	95.45	90.91	0.48

注：LVs 为 PLS-DA 潜在变量个数

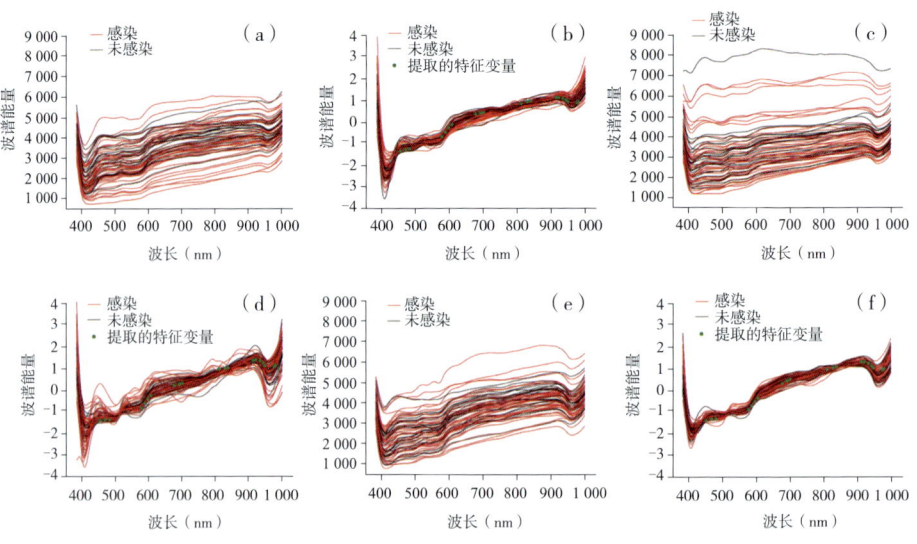

图 5-4 鱼类不同部位的 VIS/NIR 光谱

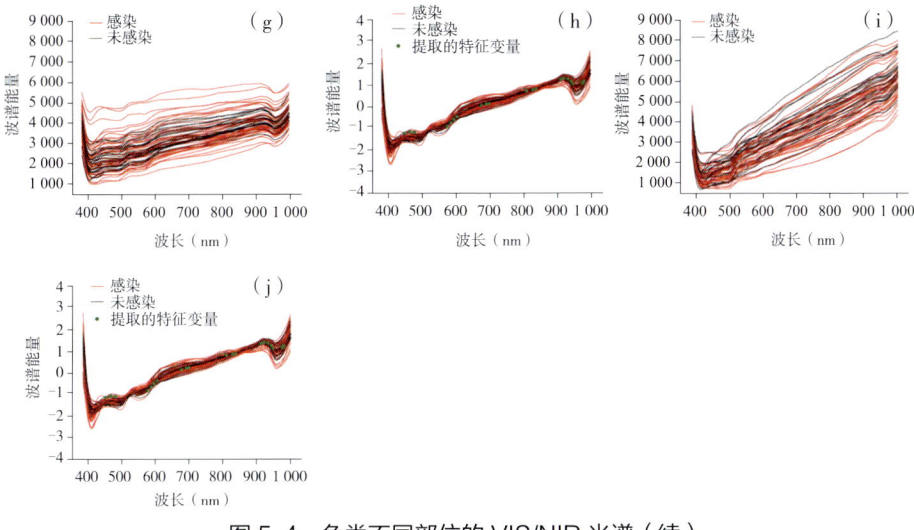

图 5-4　鱼类不同部位的 VIS/NIR 光谱（续）

（a）头部原始光谱；（b）头部 SNV 光谱与 CARS 提取特征；（c）背部原始光谱；
（d）背部 SNV 光谱与 CARS 提取特征；（e）腹部原始光谱；（f）腹部 SNV 光谱与
CARS 提取特征；（g）尾部原始光谱；（h）尾部 SNV 光谱与 CARS 提取特征；
（i）鳍部原始光谱；（j）鳍部 SNV 光谱与 CARS 提取特征

八、基于鱼体最小区域 VIS/NIR 光谱的寄生虫检测

为了提高检测模型的计算效率，进一步研究了基于鱼体最小区域光谱的华支睾吸虫检测效果。研究发现，具有 15 px × 15 px 像素大小的最小区域能够充分代表样本曲线的平均光谱。图 5-5 显示了头部、背部、腹部、尾部和鳍部最小区域的原始光谱和经过 SNV 预处理的光谱。值得注意的是，基于头部最小区域原始光谱（图 5-5a）的聚类性能逊色于整个头部区域（图 5-4a），这可能是由于头部包括面部、嘴巴和眼睛等具有异质性，导致光谱信号的不一致性和复杂性。相反，背部最小区域原始光谱（图 5-5c）的聚类性能优于整个背部区域（图 5-4c），这是因为较小区域可以有效减少背部不平整表面所引起的散射噪声。然而，背部（图 5-5c）、尾部（图 5-5g）和鳍部（图 5-5i）最小区域的原始光谱波形差异并不明显。另一方面，腹部最小区域的原始光谱波形（图 5-5e）保持良好质量，其 SNV 光谱（图 5-5f）的噪声比头部（图 5-5b）和背部（图 5-5d）区域少。此外，腹部最小区域的波形也优于尾部（图 5-5h）和鳍部（图 5-5j）区域。

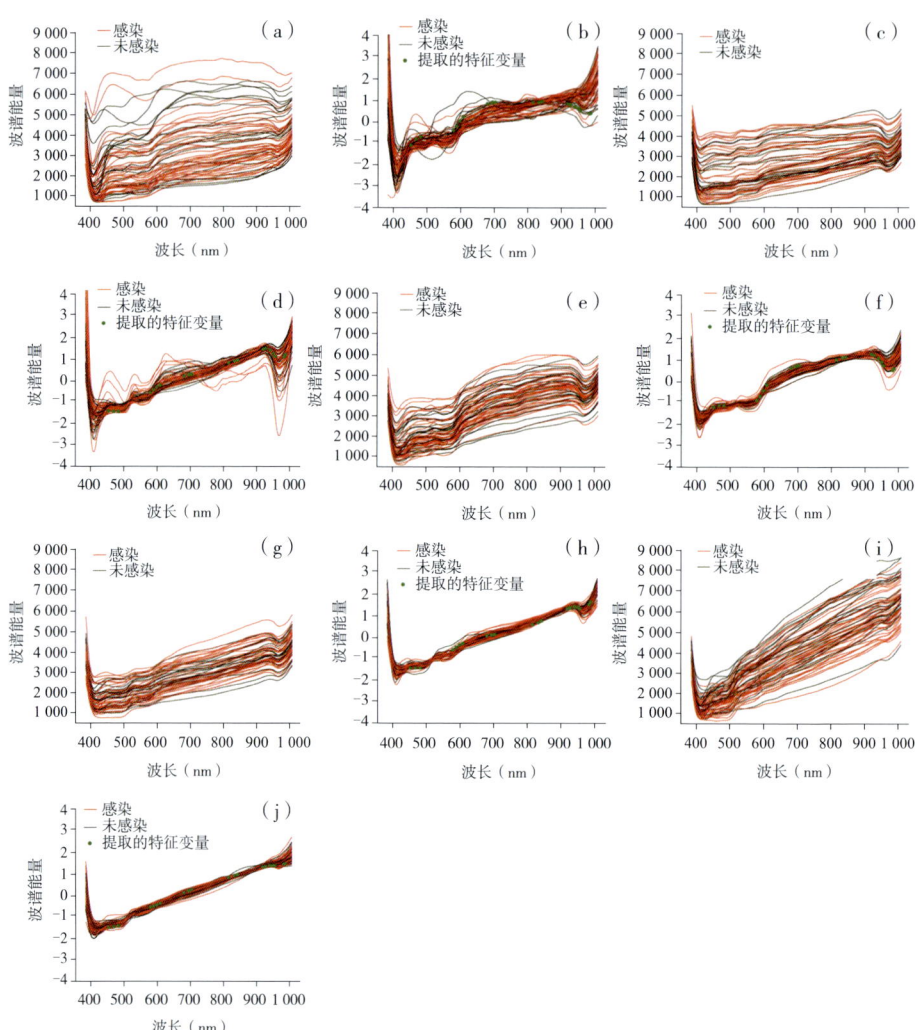

图 5-5 鱼类不同部位最小区域（像素大小为 15 px × 15 px）的 VIS/NIR 光谱

（a）头部原始光谱；（b）头部 SNV 光谱与 CARS 提取特征；（c）背部原始光谱；
（d）背部 SNV 光谱与 CARS 提取特征；（e）腹部原始光谱；（f）腹部 SNV 光谱与
CARS 提取特征；（g）尾部原始光谱；（h）尾部 SNV 光谱与 CARS 提取特征；
（i）鳍部原始光谱；（j）鳍部 SNV 光谱与 CARS 提取特征

为了进一步证明最小区域尺寸的有效性，分别从腹部提取 1、2、3、4、5 个最小区域的光谱，用于构建寄生虫检测模型（表 5-4）。结果显示，最小区域的检测效果最佳，验证集的检测准确率为 90.90%。增加提取区域数量反而降低了检测准确率。这可能是因为鱼表面的不均匀性，更多区域虽然提供了相似的有用信息，但也给检测模型引入了更多不同的噪声。先前的研究也表明，增加特征信息量可能会降低检测准确率[24]。结合不同部位最小区域的光谱进行建模，验证集的检测准确率显著下降至79.39%。有趣的是，使用整鱼光谱的检测效果与使用腹部最小区域光谱的效果相当。这表明随着光谱提取区域的增加，检测准确率最初会下降，然后随着有用信息与噪声的比例变化，又会开始上升。如果考虑模型的计算效率，建议采用腹部最小区域原始光谱+SNV+CARS+PLS-DA 的组合，建立寄生虫检测模型。

表 5-4 基于鱼最小区域光谱的寄生虫检测结果

部位	用于光谱提取的最小区域数量	LVs	建模集准确率					预测集准确率				
			Fold1	Fold2	Fold3	均值	标准偏差	Fold1	Fold2	Fold3	均值	标准偏差
腹部	1	11	99.99	99.99	99.99	99.99	0.39	90.90	90.90	90.90	90.90	0.35
	2	19	97.72	99.99	98.96	98.86	0.47	90.90	81.81	90.90	87.87	0.44
	3	22	95.45	96.21	96.21	95.95	0.46	81.81	81.81	83.33	82.32	0.46
	4	33	86.93	92.04	91.47	90.15	0.43	81.81	78.40	85.22	81.81	0.47
	5	56	89.09	93.18	91.81	91.36	0.46	79.09	82.72	82.72	81.51	0.48
混合	1	16	82.27	84.09	80.00	82.12	0.43	79.09	76.36	82.72	79.39	0.46

注：LVs 为 PLS-DA 潜在变量个数

在未来寄生虫检测应用中，鱼可以通过传送带传输，经过 VIS/NIR 高光谱成像暗箱，以非破坏性方式获取鱼的 VIS/NIR 图像。计算机快速定位鱼的腹部，并提取 15 px × 15 px 像素大小的原始光谱平均值，然后通过 SNV+CARS+PLS-DA 检测模型输出鱼的寄生虫感染情况。基于上述模型检测结果，将感染寄生虫的鱼清除，以确保渔业的质量和安全。

第三节　生鱼片中异尖线虫快速检测

生鱼片是一种由未加工的水产品制作而成的传统日本食品。近年来，生鱼片在许多国家变得越来越受欢迎[25]。然而，生鱼片上常见的寄生虫带来的严重健康问题，如腹痛、腹泻、呕吐和器官损伤，成为消费者的一大担忧[2]。全球已知有超过 50 种寄生虫可感染人类，而在生鱼片流行的地区，这些病原体引起的人类疾病报告病例占 77.7%[26]。冷冻处理是一种有效的杀灭寄生虫的方法，但由于温度范围狭窄，这种方法尚未广泛应用于生鱼片生产中。温度过高无法完全消除所有寄生虫，而温度过低会损害生鱼片的风味[27]。因此，有必要开发一种寄生虫检测方法，以便在生鱼片到达消费者餐桌之前将其剔除。

草鱼是世界上食用最广泛的淡水鱼，已有超过 1 700 年的养殖历史[28]。草鱼的肉既可以煮熟食用，也可以生食（生鱼片）。对于草鱼生鱼片，异尖线虫是一种非常危险的寄生虫，是引起异尖线虫病的主要病原体，如果被人食用，可导致疾病甚至器官（如肝、脾等）损伤[29]。考虑到其对人类健康的严重潜在危害以及广泛的发生率，找到一种可行的生鱼片寄生虫智能检测方法，特别是草鱼上异尖线虫检测方法非常重要。

基于此，本研究探究了 VIS/NIR 高光谱成像与化学计量学相结合作为智能工具检测草鱼生鱼片上寄生虫（异尖线虫）的能力，具体研究内容如下：①对比生鱼片表面、边缘和异尖线虫之间 VIS/NIR 光谱差异；②利用偏最小二乘法回归（PLSR）和概率神经网络（PNN）检测寄生虫，通过选择不同的特征进行分析，确定最优建模方法；③根据最优建模方法提出未来应用方案。

一、生鱼片样本获取

本研究使用的鱼类为草鱼，在中国广州当地市场购买。去除鱼头、鱼尾、鱼鳍、内脏、骨头和皮肤，仅保留鱼肉。将鱼肉切成约 1 mm 厚的片，制作成生鱼片。所有生鱼片样本均在 20 倍放大镜下观察，确认无异尖线虫存在。本研究中使用的寄生虫是异尖线虫属的线虫，由广东省广州市海关提供。每条异尖线虫长约 0.3 cm，放置在 1 mm 厚的生鱼片的顶部和底部，每组试验使用 64 条异尖线虫，总计 128 条异尖线虫。

二、VIS/NIR 高光谱成像采样

高光谱采样时，将 8 个生鱼片样本平铺在 1 张 A4 白纸上，同时采

集。高光谱原始图像为 800 px×1 600 px 阵列,每个像素的可见光/近红外光谱波长为 386.37～1 102.86 nm。最佳采样参数如下:积分时间为 11.87 ms,帧速率为 83.19 fps,线宽为 52 nm,扫描速度为 15.87 cm/s,移动速度为 14.99 cm/s,点动速度为 1.587 cm/s。

三、生鱼片光谱提取

为生成高光谱成像数据的彩色图像,利用 VIS/NIR 高光谱成像数据提取包含 615.98 nm、549.62 nm 和 470.39 nm 波长的 RGB 图像。从图 5-6 可以看出,每片 1 mm 厚生鱼片样本上都有 1 个异尖线虫,生鱼片可以清晰地与背景分离。然而,生鱼片表面、边缘(尤其是有血迹的部分)和异尖线虫容易混淆,这是本研究需要解决的主要问题。

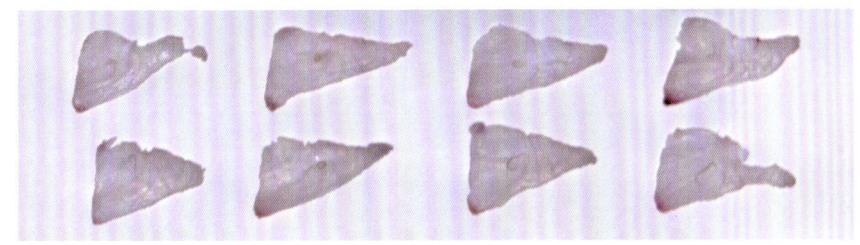

图 5-6 1 mm 厚生鱼片(具有异尖线虫)的彩色图片

灰度提取图对于不同目标的识别非常重要。通过对比 386.37 nm 至 1 102.86 nm 之间的灰度图,确定 437.51 nm 的灰度图(图 5-7)能最好地显示背景、生鱼片表面、边缘和异尖线虫之间的差异。

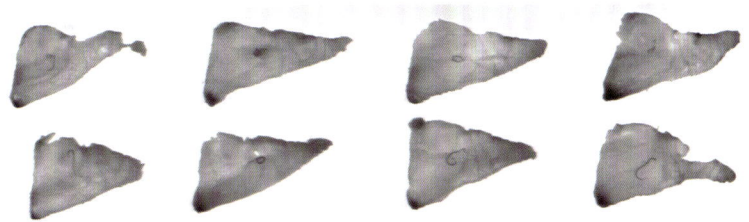

图 5-7 1 mm 厚生鱼片(具有异尖线虫)的灰度图片

由于生鱼片表面、边缘和异尖线虫难以用灰度/颜色图区分,因此,为了改进检测模型,进一步提取了这些区域的 VIS/NIR 光谱数据

(图 5-8)。每张图像包含 8 个生鱼片样本。对于含有异尖线虫的样本，随机提取了生鱼片表面、边缘和异尖线虫上的 4 个位置。对于不含异尖线虫的样本，随机提取了生鱼片表面和边缘上的 4 个位置。

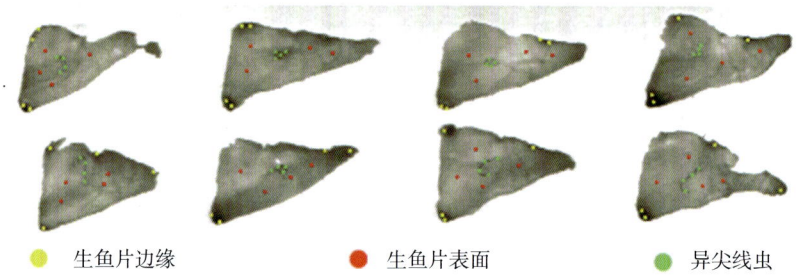

图 5-8　灰度图上（437.51 nm）不同目标的提取位置

通过这种方式收集的数据用于建立校准集和验证集，具体信息见表 5-5。

表 5-5　实验样品光谱数量信息

异尖线虫位置	生鱼片样本数（个）	提取的光谱数（条）	模型参数	
			建模集样本数（个）	验证集样本数（个）
表面	64	768	600	168
底部	64	768	600	168

四、生鱼片光谱预处理和建模方法

为了减少抖动和散射噪声，我们采用 SG 滤波器和 SNV 进行光谱去噪。为了突出不同样品的光谱差异，避免基线漂移的影响，还进行了一阶导数运算[30]。光谱预处理后，比较每个目标（生鱼片表面、边缘、异尖线虫）的光谱平均值，筛选特征变量。随后，采用偏最小二乘法回归（PLSR）[31]和概率神经网络（PNN）[32]建立模型，用于检测生鱼片上的异尖线虫。

五、生鱼片光谱特征分析

图 5-9a（异尖线虫位于顶部）和 9b（异尖线虫位于底部）分别展示

了经过 SG 和 SNV 处理后的生鱼片表面、边缘和异尖线虫的原始光谱平均值。结果显示，异尖线虫无论位于生鱼片的顶部还是底部，其光谱几乎相同，表明生鱼片上任何位置的异尖线虫都能被成功检测到。为了消除光谱响应波动的影响，进行一阶导数运算，预处理后的光谱如图 5-9c（异尖线虫位于顶部）和图 5-9d（异尖线虫位于底部）所示。可以看出，异尖线虫无论位于顶部还是底部，其光谱曲线相似，表明一阶导数能够检测出生鱼片任何空间位置的异尖线虫。光谱特征差异如下：368.37～461.18 nm，生鱼片表面与生鱼片边缘、异尖线虫不同，但生鱼片边缘和异尖线虫相似；484.88～655.95 nm，生鱼片表面、边缘和异尖线虫之间均有明显差异；892.64～1 002.86 nm，生鱼片边缘与其他部分不同，但生鱼片表面和异尖线虫相似。尽管已经识别了一些光谱特征差异，但如何基于这些差异构建最优的检测模型仍需进一步研究。

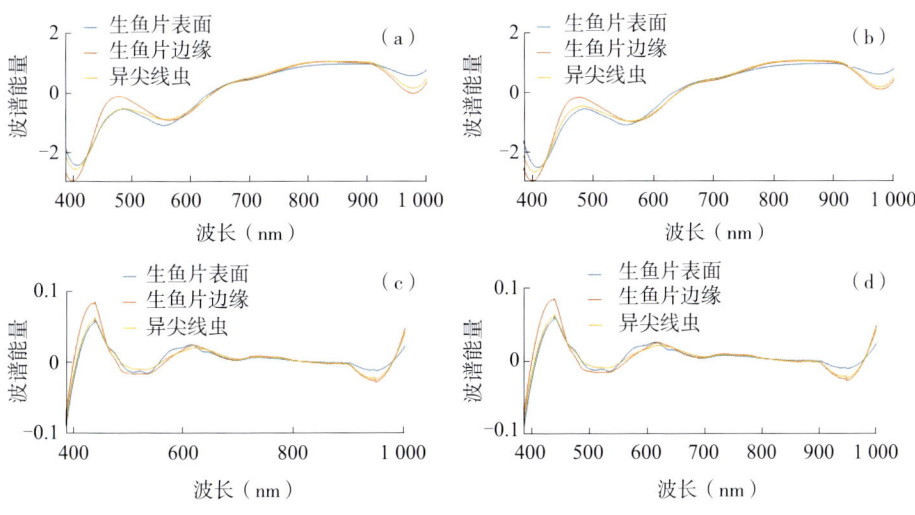

图 5-9　生鱼片表面、边缘和异尖线虫的光谱平均值

（a）顶部异尖线虫的原始光谱；（b）底部异尖线虫的原始光谱；
（c）顶部异尖线虫的一阶导数光谱；（d）底部异尖线虫的一阶导数光谱

六、生鱼片表面、边缘和异尖线虫检测模型建立

为了检测生鱼片表面、边缘和异尖线虫，基于不同的一阶导数光谱特征组合（368.37～461.18 nm、484.88～655.95 nm 和 892.64～1 002.86 nm），

建立 PLSR 和 PNN 模型，模型分别被标记为模型 1 至模型 10（表 5-6）。比较建模效果，可以发现，PNN 的检测能力（模型 6 至模型 10）优于 PLSR（模型 1 至模型 5）。这是因为 PLSR 和 PNN 的核函数分别是线性回归和非线性神经网络，因此，PNN 更适合解决像生鱼片上寄生虫检测这类非线性检测问题。生鱼片顶部异尖线虫的检测能力优于底部，这是因为异尖线虫在底部时的光谱能量衰减比在顶部时更大。对于生鱼片表面、边缘及异尖线虫的检测，模型 8 的检测能力优于模型 6。其原因在于，484.88～655.95 nm 的光谱包含了用于生鱼片表面、边缘及异尖线虫检测的重要信息，且其中相关性较差、可能会降低检测精度的信息量相对较少。通过上述不同特征组合的建模与检测，模型 8 在区分生鱼片表面、边缘和异尖线虫方面表现最佳。

表 5-6　基于不同光谱特征组合的生鱼片表面、边缘及异尖线虫的 PLSR 和 PNN 检测结果

	模型序号	FN/Spread	波段（nm）	检测目标	建模集（%）		验证集（%）	
					AT	AB	AT	AB
PLSR	1	16（AT）/17（AB）	368.37～461.18、484.88～655.95、892.64～1 002.86	生鱼片表面、生鱼片边缘和异尖线虫	81.67	78.50	86.90	72.62
	2	15（AT）/16（AB）	368.37～461.18	生鱼片表面或无检测	88.33	83.67	84.52	77.38
	3	16（AT）/17（AB）	484.88～655.95	生鱼片表面、生鱼片边缘和异尖线虫	70.83	69.67	66.07	64.88
	4	22（AT）/19（AB）	892.64～1 002.86	生鱼片边缘或无检测	66.67	66.67	66.67	66.67
	5	16（AT）/19（AB）	368.37～461.18、484.88～655.95	异尖线虫或无检测	70.83	69.83	66.07	64.88
PNN	6	0.03（AT）/0.03（AB）	368.37～461.18、484.88～655.95、892.64～1 002.86	生鱼片表面、生鱼片边缘和异尖线虫	100.00	100.00	89.88	79.76
	7	0.04（AT）/0.03（AB）	368.37～461.18	生鱼片表面或无检测	91.17	90.17	90.48	83.93

续表

PLSR 和 PNN 检测结果				建模集（%）		验证集（%）	
模型序号	FN/ Spread	波段（nm）	检测目标	AT	AB	AT	AB
PNN 8	0.01（AT）/ 0.01（AB）	484.88～655.95	生鱼片表面、生鱼片边缘和异尖线虫	100.00	100.00	89.88	81.55
9	0.005（AT）/ 0.003（AB）	892.64～1 002.86	生鱼片边缘或无检测	66.67	66.67	66.76	66.07
10	0.01（AT）/ 0.01（AB）	368.37～461.18、484.88～655.95	异尖线虫或无检测	100.00	100.00	89.88	81.55

注：AT 代表顶端的异尖线虫；AB 代表底部的异尖线虫

七、生鱼片表面、边缘和异尖线虫检测模型优化

通过统计表 5-7 中最优单一模型（模型 8）对每个类别的分类详情，可以发现，异尖线虫的主要误检情况来自顶部或底部异尖线虫被误判为生鱼片表面。基于模型 8，验证集中异尖线虫位于顶部和底部的检测准确率分别为 89.88% 和 81.55%。因此，采用模型 7 对模型 8 所确定的生鱼片表面和异尖线虫判别的正确性进行了复核（表 5-8）。

表 5-7 模型 8 对生鱼片表面、边缘和异尖线虫检测的结果 （单位：个）

项目	模型 8 用于顶部异尖线虫检测（准确率=89.88%）				模型 8 用于底部异尖线虫检测（准确率=81.55%）			
	生鱼片表面	生鱼片边缘	异尖线虫	总数	生鱼片表面	生鱼片边缘	异尖线虫	总数
生鱼片表面	53	2	1	56	53	0	3	56
生鱼片边缘	7	48	1	56	13	39	4	56
异尖线虫	6	0	50	56	11	0	45	56
总数	66	50	52	168	77	39	52	168

从表 5-8 可以看出，经过模型 7 再次核查后，2 个之前被错误识别的

异尖线虫点被正确识别为顶部异尖线虫，1个被错误识别的异尖线虫点被纠正为底部异尖线虫。因此，与单一模型相比，模型组合被认为是提高生鱼片上异尖线虫的检测准确率的可行方法。基于模型7和模型8，顶部、底部异尖线虫的验证集检测准确率分别为91.67%和82.14%。据此表明，通过模型组合，异尖线虫的检测准确率得到了显著提升。已有的多项研究表明，信息融合能够提高检测准确率，本研究也证明了这一观点。

表5-8 模型7和模型8组合对生鱼片表面、边缘和异尖线虫检测的结果

（单位：个）

项目	模型7和模型8用于顶部异尖线虫检测（准确率=91.67%）				模型7和模型8用于底部异尖线虫检测（准确率=82.14%）			
	生鱼片表面	生鱼片边缘	异尖线虫	总数	生鱼片表面	生鱼片边缘	异尖线虫	总数
生鱼片表面	53	2	1	56	53	0	3	56
生鱼片边缘	6	49	1	56	13	39	4	56
异尖线虫	4	0	52	56	10	0	46	56
总数	63	51	54	168	76	39	53	168

八、未来应用方法讨论

本研究证明了基于VIS/NIR光谱的SG+SNV+PNN模型8+PNN模型7可以实现生鱼片上异尖线虫的精准检测。对于1幅高光谱图像，每个像素都包含光谱曲线数据，一整幅图像包含128万个像素，对所有像素的光谱进行分析是一个数据量极大的工程。为了缩小检测范围，我们提取了生鱼片位置以去除背景，经过中值滤波、二值化、去除噪声区域和黑白反转后，生鱼片的位置得以精准定位（图5-10）。定位后的图像数据量从128万像素减少到约70万像素，大大减少了数据集。因此，在未来的实际应用中，寄生虫检测步骤可如下：①获取生鱼片VIS/NIR高光谱图像；②定位生鱼片的位置并去除背景像素；③提取每个剩余像素的光谱数据；④将每个像素的数据输入检测模型并获取结果；⑤将检测结果标记到相应像素上以实现结果可视化；⑥重复步骤①至步骤⑤，直到所有像素都被分析。

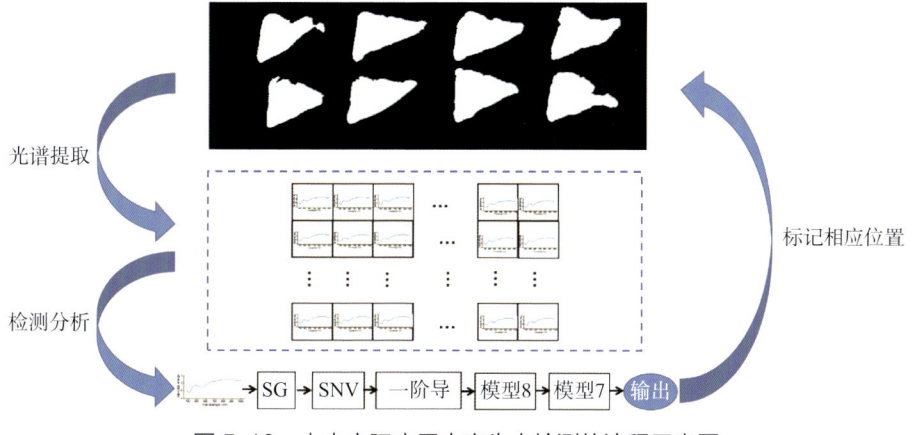

图 5-10　未来实际应用中寄生虫检测的流程示意图

第四节　小结与展望

本研究基于可见光/近红外（VIS/NIR）高光谱成像技术，建立了整鱼寄生虫、生鱼片寄生虫检测模型，实现了鱼类寄生虫智能无损检测。针对受华支睾吸虫感染的麦穗鱼，确定了 SNV+CARS+PLS-DA 为最优建模方法，检测准确率超过 90.90%；确定在寄生虫非破坏性检测中提取 VIS/NIR 光谱的最佳鱼体部位为腹部区域，其校准集和验证集准确率分别为 99.24% 和 93.93%；确定能够有效进行寄生虫非破坏性检测的最小 VIS/NIR 光谱提取区域（15 px×15 px 像素大小），其校准集和验证集准确率分别为 99.99% 和 90.90%，在提高检测速度的同时保持了高准确率。此外，验证了 VIS/NIR 高光谱成像与化学计量学相结合作为智能工具检测生鱼片上寄生虫的能力，确定了 SG+SNV+PNN 模型 8+PNN 模型 7 为最优建模方法，生鱼片顶部、底部异尖线虫的验证集检测准确率分别为 91.67% 和 82.14%。综上所述，VIS/NIR 高光谱成像技术实现了整鱼以及生鱼片寄生虫的智能无损检测，为实际生产提供了重要的技术支持，对于维护渔业高质量发展、保护消费者健康具有重要意义。

参考文献

[1] AAEN S M, HELGESEN K O, BAKKE M J, et al. Drug resistance in sea lice: A threat to salmonid aquaculture. Trends Parasitol, 2015, 31(2): 72-81.

[2] BARLOCCO N, VADELL A, BALLESTEROS F, et al. Predicting intramuscular fat, moisture and warner bratzler shear force in pork muscle using near infrared reflectance spectroscopy. Anim Sci, 2006, 82: 111-116.

[3] BARNES R J, DHANOA M S, LISTER S J. Standard normal variate transformation and de trending of near infrared diffuse reflectance spectra. Appl Spectrosc, 1989, 43(5): 772-777.

[4] BIAO Y, WENCHUAN G, WEIQIANG L, et al. Portable, visual, and nondestructive detector integrating Vis/NIR spectrometer for sugar content of kiwifruits. J Food Process Eng, 2019, 42(2): e12982.

[5] BIROUSTE M, ZAMORA LEDEZMA E, BOSSARD C, et al. Measurement of fine root tissue density: A comparison of three methods reveals the potential of root dry matter content. Plant Soil, 2013, 374(12): 299-313.

[6] CARREIRO SOARES S F, GOMES A A, GALVAO FILHO A R, et al. The successive projections algorithm. TrAC-Trends in Analytical Chemistry, 2013, 42: 84-98.

[7] EL MESERY H S, MAO H, ABOMOHRA A E F. Applications of non destructive technologies for agricultural and food products quality inspection. Sensors, 2019, 19(4): 846.

[8] GELADI P, KOWALSKI B R. Partial least squares regression: A tutorial. Anal Chim Acta, 1986, 185(1): 1-17.

[9] HASSANI S, MARTENS H, QANNARI E M, et al. Degrees of freedom estimation in principal component analysis and consensus principal component analysis. Chemometrics Intellig Lab Syst, 2012, 118: 246-259.

[10] JAMSHIDI B, MOHAJERANI E, FARAZMAND H, et al. Pattern recognition based optical technique for non destructive detection of Ectomyelois ceratoniae infestation in pomegranates during hidden activity of the larvae. Spectrochimica Acta Part a Molecular and Biomolecular Spectroscopy, 2019, 206: 552-557.

[11] JI M, JUNHU C, DAWEN S, et al. Mapping changes in sarcoplasmatic and myofibrillar proteins in boiled pork using hyperspectral imaging with spectral processing

methods. LWT Food Science and Technology, 2019, 110: 338-345.

[12] KANG S Y, KIM S I, CHO S Y. Seasonal variations of metacercarial density of *Clonorchis sinensis* in fish intermediate host, Pseudorasbora parva. Korean J Parasitol, 1985, 23(1): 87-94.

[13] PASCHOAL L R, FERREIRA W A. Simultaneous determination of benzocaine and cetylpiridinium chloride in tablets by first derivative spectrophotometric method. IL Farmaco, 2000, 55(11-12): 687-693.

[14] LI H, LIANG Y, XU Q, et al. Key wavelengths screening using competitive adaptive reweighted sampling method for multivariate calibration. Anal Chim Acta, 2009, 648(1): 77-84.

[15] MA Y, CAI H Q, CHEN M, et al. Investigation on Clonorchis sinensis metacercaria infection in freshwater fishes from Guangzhou Higher Education Mega Center. Redai Yixue Zazhi, 2021, 21(5): 646-648.

[16] MAQUINA A D V, SITOE B V, BUIATTE J E, et al. Quantification and classification of cotton biodiesel content in diesel blends, using mid infrared spectroscopy and chemometric methods. Fuel, 2019, 237: 373-379.

[17] MOSCETTI R, HAFF R P, AERNOUTS B, et al. Feasibility of Vis/NIR spectroscopy for detection of flaws in hazelnut kernels. J Food Eng, 2013, 118(1): 1-7.

[18] MUSCOLINO D, GIARRATANA F, BENINATI C, et al. Hygienic sanitary evaluation of sushi and sashimi sold in Messina and Catania, Italy. Italian Journal of Food Safety, 2014, 3(2): 1701.

[19] NAWA Y, HATZ C, BLUM J. Sushi delights and parasites: The risk of fishborne and foodborne parasitic zoonoses in Asia. Clin Infect Dis, 2005, 41(9): 1297-303.

[20] NJJAR K, ABU KHALAF N. Visible/near infrared (VIS/NIR) spectroscopy technique to detect gray mold disease in the early stages of tomato fruit. Journal of Microbiology Biotechnology and Food Sciences, 2021, 11(2): e3108.

[21] RAMOS P. Parasites in fishery products-Laboratorial and educational strategies to control. Exp Parasitol, 2020, 211: 107865.

[22] SANA S, WILLIAMS C, HARDOUIN E A, et al. Phylogenetic and environmental DNA insights into emerging aquatic parasites: Implications for risk management. Int J Parasitol, 2018, 48(6): 473-481.

[23] SCHOLZ T, AGUIRRE MACEDO M L, SALGADOMALDONADO G, et al.

Metacercariae of trematodes parasitizing freshwater fish in Mexico: A reappraisal and methods of study. 2000. https://doc.paperpass.com/foreign/rgChap2000134819055.html.

[24] SHEN Y, ZHANG J, LI J. Advances in studies on genetic resources of grass carp. Chinese Agricultural Science Bulletin, 2011, 27(7): 369-373.

[25] SPECHT D F. Probabilistic neural networks. neural networks. NN, 1990, 3(1): 109-118.

[26] SUGITAKONISHI Y, SATO H, OHNISHI T. Novel foodborne disease associated with consumption of raw fish, olive flounder(*Paralichthys olivaceus*). Food Safety, 2014, 2(4): 141-150.

[27] MYERSON J. Machine learning models and algorithms for big data classification: Thinking with examples for effective learning. Computing Reviews, 2016, 57(5): 283-284.

[28] TRUJILLO GONZALEZ A, BECKER J A, VAUGHAN D B, et al. Monogenean parasites infect ornamental fish imported to Australia. Parasitol Res, 2019, 118(1): 383-384.

[29] XINGYI H, SHANSHAN Y, HAIXIA X, et al. Rapid and nondestructive detection of freshness quality of postharvest spinaches based on machine vision and electronic nose. J Food Safe, 2019, 39(6): e12708.

[30] XU S, SUN X X, LU H Z, et al. Detection of type, blended ratio, and mixed ratio of Pu'er Tea by using electronic nose and visible/near infrared spectrometer. Sensors, 2019, 19(10). DOI:10.3390/s19102359.

[31] XUN W, YUCHEN Z, DI W, et al. Rapid and non destructive detection of decay in peach fruit at the cold environment using a self developed handheld electronic nose system. Food Anal Method, 2018, 11(11): 2990-3004.

[32] ZENG M, FANG C, WANG X X, et al. An investigation of the prevalence and diversity of Anisakis in China: Marine food safety implications. Front Microbiol, 2024, 15. DOI:10.3389/fmicb.2024.1399466.

第六章
低温技术在水产加工中的应用研究

速冻是一种有效的鱼生处理方法,通过抑制微生物生长、减缓酶的活性、杀灭寄生虫、保留鱼肉的原始风味和营养素等优点,可以显著提高其商业价值和可食性。然而,速冻过程中的冰晶生成可能会导致鱼肉组织的机械损伤,破坏其形态完整性、营养成分和口感,从而降低其质量和安全性。鱼生速冻技术是一种有效的改善鱼肉冻结质量的方法,可以显著减少最大冰晶生成带的时间,降低残留水对细胞组织内部的危害和损伤,从而有效地降低冻结引起的鱼肉品质损失[1]。目前主要的鱼生速冻技术主要包括液氮速冻技术、液体 CO_2 速冻技术、物理场辅助冻结技术(包括高压冻结技术、电磁波辅助冻结技术、超声波辅助冻结技术)、不冻液冻结技术及基于抗冻蛋白与冰核蛋白的冻结技术等[2]。

第一节 液氮速冻技术

液氮是一种无色、无味、低黏度,无腐蚀性,化学性质稳定的液体,同时也是一种制冷媒介,因其与产品间存在巨大温差,可释放出极大的冷冻强度,达到快速冻结产品的目的。另外,与传统的制冷剂氟利昂相比,液氮对环境不构成危害,属于环保型产品。该技术最早始于20世纪50年代的美国,至1960年被正式用于速冻食品。液氮速冻技术可以迅速降低食品的中心温度,快速通过最大冰晶生成带,使内部水分在几秒钟内到达玻璃态,有效保持食品品质。液氮速冻技术目前在海水鱼、淡水鱼以及鱼糜制品中均有应用。因其具有安全、无毒、易携带运输等特点,现已被用于船载冻结设备,如船靠岸前预冻金枪鱼等高经济价值水产品。根据利用液氮的方式,液氮速冻可分为液氮浸渍式冻结、液氮喷淋式冻结和液体

CO_2 速冻等。

一、液氮浸渍式冻结

液氮浸渍式冻结指将待冻物料直接浸没于液氮中，液氮与待冻物充分接触，巨大温差使液氮在极短时间内迅速挥发带走热量而达到冻结目的。目前，液氮浸渍冻结技术虽然在渔船及水产品加工企业有一定的应用，但应用并不广泛，主要原因：①液氮浸渍冻结具有耗量大，成本较高，难以回收利用等缺点；②剧烈的热交换容易导致水产品表面机械应力过大而造成龟裂。

二、液氮喷淋式冻结

液氮喷淋式冻结指液氮经喷嘴变成雾状，而后与鱼肉进行热交换，液氮吸热蒸发变成氮气，氮气又被用来预冷新进入的物料，使之快速冻结的一种方式。该技术充分利用了液氮的显热和潜热，与液氮浸渍冻结相比，提高冻结效率同时降低了液氮耗量。目前，液氮喷淋冻结技术在鱼肉冻结中展现出巨大的优势。通过预冷样品并进行梯度冻结能有效解决液氮速冻致样品低温冻裂问题，也促进了液氮喷淋冻结技术在鱼肉中的应用与发展。

三、液体 CO_2 速冻

在温度 -56.6～31.1℃，压强为 0.52～7.38 MPa 时，CO_2 可液化为无色透明的液体，当温度为 -56.6℃，压强为 0.52 MPa 时，CO_2 成为"干冰"。液体 CO_2 从专门设置的喷嘴中喷到鱼肉上立即变成干冰，干冰在常压下吸收大量热量升华，使鱼生快速均匀降温至冻结点以下而整体冻结，几分钟内即可通过最大冰晶生成带，其间干耗和氧化也会得到有效控制。采用液体 CO_2 低温冻结的鱼肉，在解冻后内部残留的载冷剂自然气化并完全挥发，不会残留在水产品中，且 CO_2 不会改变被冷冻鱼肉的风味，更不会造成食品安全问题。与液氮冻结相比，液体 CO_2 来源广泛、制造成本低、能耗小。但液体 CO_2 工作时压强大（30℃时压强达 7.2 MPa），运输和贮藏时需要特殊的容器和工具，且大量排放 CO_2 会造成"温室效应"，给环境带来不利影响，因此需要先克服这些缺点，液体 CO_2 才会在鱼生速冻领域中得到更广泛的应用。

第二节 不冻液冻结技术

不冻液冻结又被称为浸渍冻结，指主要利用盐、醇、糖等组成的二元、三元及多元冷冻液作为载冷剂，与鱼肉直接或间接接触换热，实现其快速冷冻。浸渍冻结所用冻结介质为低温载冷剂，传热系数一般为 $200\sim500$ W/($m^2 \cdot$K)，是空气冻结的 $10\sim25$ 倍，因此传热效率高，冻结速度较快。不冻液冻结过程中，传热与传质同时进行，但传热快于传质。传质表现为在同一温度下，水与冰间存在蒸汽压差，载冷剂中的溶质进入鱼肉，鱼肉中的水分与可溶性物质进入载冷剂中。这是制约不冻液冻结技术发展的主要因素。不冻液冻结的效果关键取决于不冻液的选择。一般有以下要求：首先，必须安全无毒无害，导热系数大，黏度小，腐蚀性小；其次，冻结点要低，一般需达到 -50~-40℃；最后，原料来源广泛，成本低。

第三节 物理场辅助冻结技术

一、高压冻结技术

高压冻结通过控制温度或压力来实现鱼肉内部水—冰相变的过程，液态水的冰点在外部施压时降至 0℃ 以下，一旦压力释放即可获得较高的过冷度，从而使冰核形成速度增加，促进微小冰晶的形成。水的冰点从 0.1 MPa 时的 0℃ 下降到 210 MPa 时的 -21℃。当压强＞210 MPa 时，水的冰点温度又随压强的升高而升高。当压强＞600 MPa 时，样品的冻结点可以在 0℃ 以上。常压冻结下形成的冰晶一般为Ⅰ型，但在冻结过程中施加一定压力，易形成Ⅲ型冰晶。Ⅲ型冰晶不稳定，常压下容易转化为Ⅰ型冰晶。当我们能够充分控制压强和温度时，Ⅱ型和Ⅴ型冰晶可以形成。冰的密度随压强增加而增加，Ⅲ型、Ⅱ型、Ⅴ型冰晶的密度分别为 1.14 g/cm^3、1.17 g/cm^3、1.23 g/cm^3。

根据水发生相变形成冰的途径不同，高压冷冻可分为高压诱导冷冻、高压移位冷冻和高压辅助冷冻三种类型，其中高压移位冷冻是最常见的选择。高压冷冻不仅可以改善冷冻过程和冷冻食品的质量，还可以灭活微生物，对食品安全起到一定的保障作用[3]。高压处理对肌球蛋白的三级结构有显著影响，对二级结构影响较小，对一级结构没有影响。高压处理除了能减少低温对水产品结构的负面影响，对降低后续冷冻贮藏及解冻后的汁液损失也有效果。高压冻结技术冻结效率高，对水产品肌原纤维蛋白结构破坏小，特别适合冻结需要形成小而均匀冰晶的大块食物。但高压处理时参数控制不当会使鱼肉表面出现熟化现象，影响产品外观，因此应用时要注意优化处理参数和控制技术。

二、电磁波辅助冻结技术

电磁波作用于液态水分子，使之发生定向排列，破坏水分子间原有的氢键，水分子团尺寸变小，加快水中各反应进程，特别是促进了冻结进程，形成尺寸小、大小一致、分布均匀的冰晶。电磁波辅助冻结中应用于鱼肉速冻中较多的是微波辅助冻结及射频辅助冻结。

微波是电磁波的一种。微波的非热效应是指除热效应外的其他效应，如电效应、磁效应、化学效应等。近年来，对微波辅助冷冻技术也进行了大量的研究。研究人员通过研究微波对冰晶的影响来判断微波对冷冻过程的影响。微波辅助冷冻是一个非常复杂的过程，微波产生的热量与新鲜样品的游离水含量有关。在冻结过程中，自由含水量不断减少，导致介电常数不断变化。关于微波辅助冻结的假设有很多：①微波和电场一样，会破坏水分子之间的氢键网络，而氢键网络是晶体结构的前体。②微波辅助冻结利用微波引起水分子偶极旋转摩擦产生热量，摩擦热在冰晶的成核与生长过程中使冰晶瞬间反复融化和再生，从而阻碍冰晶体的生长。③微波引起的温度变化引起冰晶部分融化，进而影响冰晶的二次成核过程[4]。目前有关微波辅助冻结鱼肉的研究较少，原因是在实际中难以准确控制微波功率及处理时间，易产生局部过热现象，对冻品的质量产生负面影响。

射频是无线电波的高频频段,其频段介于 300 kHz～300 MHz。射频辅助冻结技术的原理类似于微波辅助冻结,即射频产生的电磁波可以降低冰点,诱导产生更多的冰核,同时低频电磁波作用于水分子,使水分子偶极矩发生转动,促进水分子团中氢键的断裂,提高水分子的迁移扩散能力,打破结晶面平衡,形成更小的冰晶。它还可能降低凝固点,从而产生更多的成核位点[5]。目前,射频辅助冻结时的冷却介质一般采用液氮,这对生产成本提出了极大的挑战,未来可对其他冷却介质进行研究,从而促进射频辅助冻结技术在水产品中的应用发展。

三、超声波辅助冻结技术

超声波辅助冻结技术是食品工业中一种新颖而有前途的冷冻技术。在冷冻过程中,超声波在介质中的传播会产生各种物理和化学效应,如空化效应、微流动、大冰晶破裂、活性自由基释放等,可用于提高冷冻食品的质量。超声波根据应用频率和强度可分为高频低强度超声波(通常＞100 kHz)和低频高强度超声波(通常为 20～100 kHz)[6]。高频低强度超声波常用于无损分析和食品加工控制,而低频高强度超声波常用于食品加工中的乳化、均质、杀菌、提取、干燥、冷冻等过程。超声波作用产生的空化气泡会促进水产品冻结过程中冰晶的形成,空化气泡破裂会产生微射流,诱导大冰晶破碎成体积小、分布均匀的冰晶,减小冰晶因体积过大而对冻结产品产生的不利影响。

研究发现,超声波能够在整个鱼肉产品中产生空化气泡,从而促进形成更均匀的冰晶晶核,并将冰晶碎片分解为更小的晶体;加速冷却介质中的对流换热,加快冻结过程;灭活一些酶,减少预处理工序。但超声波在传播过程中会发生衰减现象,当将其应用于大批量待冻品中时,其能量损失会加剧,因此保证处理过程中超声功率稳定是一个亟待解决的问题。除此之外,超声功率及处理时间控制不当会显著影响鱼肉冻结的效果,而这两个主要参数又是实际应用中最难把握的因素,因此,后续针对不同种类、重量、尺寸产品的具体超声功率及处理时间的研究还需跟进。

第四节　低温快速微冻技术

微冻技术是将捕获物储藏在冰点以下（-3℃±1℃）的一种轻度冷冻或部分冷冻，低温抑制产品中微生物繁殖及酶活力的保鲜方法。结合（超）低温技术和低温细胞结晶形成理论，采取已发明的采用有天然元素的微冻液，对所需保鲜的水产品、畜禽产品等产品直接冻结保鲜。其技术的重点在于微冻液的使用。在实际应用时，要根据所需降温的原料的品种、质量和体积大小，来选择合适的温度层，确保在一段时间内使食品内部部分冻结，并尽量避免被冻产品的细胞膜内出现冻裂的情况的发生，保持细胞膜内的活性状态，保证产品品质的鲜活性，该技术也称为低温快速微冻技术。

微冻技术首次被应用于海产品的贮藏中，当前，国内外常见微冻降温方式主要有以下几种：

（1）加冰或加盐微冻：冰和食盐都是极易获取的简单制冷剂，且具备快速吸收大量热量与无毒无害的属性，一般在海产品中少量的混入大约3%的食盐与冰的混合物从而达到冻结温度为-3℃±1℃。

（2）冷却微冻：首先采用冷却剂制成的冷风，使产品表层快速降温至所需温度范围内，最终置于-3℃的舱室内，有效的贮藏时间可达到20 d以上。

（3）低温盐水微冻：首先将约10%的食盐加入一定量的水中，再通过冷却机将海水降温到-5℃，然后将产品直接浸渍入内，直至其表面为-5℃。最终放入-3℃的冷库中冻藏[7]。微冻技术的成本较低，且冷冻液具有可回收性，被广泛用于水果、蔬菜和猪肉等产品[8]。

第五节　其他冻结技术

其他冻结技术主要指通过改变鱼肉本身的特性如添加抗冻蛋白或冰核蛋白来加速冻结。

一、抗冻蛋白冻结

抗冻蛋白是一类能降低体系冰点，修饰冰晶形态，延缓冷冻后贮藏过程中冰晶重结晶生长的蛋白。其最早于1969年由Devries在南极Mcmurdo海峡的一种Nototheneniid鱼血液中发现，由于抗冻蛋白的存在，鱼的体液在极低温度下也能维持非冰冻状态，从而保证鱼类能在低温环境下正常生存。常见的抗冻蛋白主要来源是微生物（细菌纤毛、纤毛、真菌）、植物、节肢动物和鱼类。这些蛋白质通过保持熔点和冰点，可以限制冰晶的扩大[4]。抗冻蛋白有3种特性：①热滞活性：抗冻蛋白能以非依数性形式降低水溶液冰点，导致水溶液冰点与熔点间出现差值，该差值即热滞活性；②重结晶抑制效应：由于范德华力、疏水相互作用及氢键作用，冰核表面会吸附抗冻蛋白分子，抑制冰晶生长且同时降低冰点，避免冰晶聚集增大；③冰晶形态效应：冰晶受抗冻蛋白影响，其正常生长形态改变，由扁圆形变为六角形棱锥，且抗冻蛋白浓度越大，作用时间越久，冰晶形态越趋向针状。从鱼类及其副产物鱼皮、鱼鳞等中分离提取得到具有抗冻活性的蛋白，应用于水产品冻结过程，以期延缓冻结产品质量劣化是目前常见的利用抗冻蛋白的方式。大部分分离提取的抗冻蛋白的分子质量较大，浸泡处理难以使其完全渗透入待冻产品中，因而难以发挥理想效果，且某些来源于真菌或细菌的抗冻蛋白的安全性难以保证，将抗冻蛋白大量应用于生产实践还有很长的路要走。

二、冰核蛋白冻结

冰核蛋白指能在接近0℃下诱导水从液体向固体转变的一种蛋白。该蛋白能够提高冰晶成核温度，降低过冷程度，从而促进形成尺寸微小、形状规则的冰晶，研究者发现抗冻蛋白与冰核蛋白在控制冰晶形态及抑制冰晶重结晶方面有异曲同工之处。能产冰核蛋白的常见冰核活性细菌种类包括假单胞菌属、欧文氏菌属和黄单胞菌属。由此可见，从细菌中提取的冰核蛋白是否安全、无毒、无致病性是影响其能否广泛应用的关键因素。

参考文献

[1] 贾世亮, 丁娇娇, 杨月, 等. 水产品速冻保鲜技术研究进展. 食品与发酵工业, 2022, 48(11): 324 331. DOI: 10.13995/j.cnki.11 1802/ts.029171.

[2] 李佳铖. 不同速冻方式下罗非鱼传热过程模拟及决策优化研究. 上海: 上海海洋大学, 2023.DOI: 10.27314/d.cnki.gsscu.2023.000846.

[3] 娄鹏祥. 微冻液配方研究及鸭肉微冻保鲜上的应用. 合肥: 合肥工业大学, 2019.

[4] HU R, ZHANG M, LIU W, et al. Novel synergistic freezing methods and technologies for enhanced food product quality: A critical review. Comprehensive Reviews in Food Science and Food Safety, 2022, 21(2): 1979-2001.

[5] JAMES C, PURNELL G, JAMES S J. A review of novel and innovative food freezing technologies. Food and Bioprocess Technology, 2015, 8: 1616-1634.

[6] LIU L, JIAO W, XU H, et al. Effect of rapid freezing technology on quality changes of freshwater fish during frozen storage. Lwt, 2023, 189: 115520.

[7] LU N, MA J, SUN D W. Enhancing physical and chemical quality attributes of frozen meat and meat products: Mechanisms, techniques and applications. Trends in Food Science & Tech-nology, 2022, 124: 63-85.

[8] ZHAN X, SUN D W, ZHU Z, et al. Improving the quality and safety of frozen muscle foods by emerging freezing technologies: A review. Critical reviews in food science and nutrition, 2018, 58(17): 2925-2938.

第七章
冷冻鱼肉保护液和包装材料

第一节 保护液对冷冻鱼肉的保质效果

鱼生在加工、储存和运输过程中极易受到微生物、内源酶活性和环境条件的影响，导致其新鲜度、质地、持水性和其他食用品质下降。保护液的添加是缓解鱼生口感、质构劣变的有效方法之一，食品中的商业保护液大多是多磷酸盐、糖类、醇类及其复合物，但对于一些特殊人群，如糖尿病患者、高血压和肾病患者存在危害。近年来，一些研究发现，抗冻蛋白、植物精油、活性多酚等物质能够提升肉品在加工及贮藏过程中的品质，显著改善肉品的品质。以下主要介绍了保护液中的关键物质成分及实际应用效果。

一、抗冻蛋白

一些研究发现，生物体在寒冷环境中会产生抗冻蛋白，这些蛋白控制冰晶的生长和冰结构蛋白的再结晶，起到抵御低温的作用。抗冻蛋白广泛存在于不同的耐寒物种中，并且可以在各种生物体中观察到，例如微生物、鱼类、昆虫、植物和脊椎动物。抗冻蛋白具有抑制冰晶生长、阻止冻融循环引起的再结晶、改变冰晶形态和保护细胞膜的能力[1]。目前公认的抗冻蛋白作用机制是吸附-抑制机制，这表明抗冻蛋白不可逆地吸附在冰晶的特定表面并抑制其生长。

有研究者通过分子动力学模拟研究了鲱鱼抗冻蛋白与冰晶之间的相互作用。在此基础上，研究了鲱鱼抗冻蛋白对 3 次冻融循环后大口黑鲈品质属性的影响。抗冻蛋白和冰晶的分子动力学结果表明，鲱鱼抗冻蛋白趋于逐渐接近冰晶表面。模拟平衡后，抗冻蛋白可以稳定地存在于冰水混合体系中，降低了混合体系的冰点并产生热滞后。在冷冻储存之前，将肉浸泡在抗冻蛋白溶液中有助于减少对纤维结构的损伤，并最大限度地减少解冻样品的滴落损失。从拉曼光谱和本征荧光光谱来看，肌原纤维蛋白的二级和三级结构趋于稳定。总之，抗冻蛋白可用作冷冻食品中的有益添加剂，并通过降低成本发挥冷冻保存的潜力[2]。

二、酚类化合物

酚类化合物是由羟基化芳香环直接与苯基相连形成的植物化学物质。尽管没有被证明是关键的膳食营养素，但这些化合物具有积极的保护特性（如抗菌、抗炎和抗氧化活性）。如苯丙烷，它们是源自苯丙氨酸的代谢物，对酶促反应有影响（如脂质氧化），并在微生物培养物的控制中显示出显著的结果。

蒋雨心等人以海藻酸钠为基材，通过添加葡萄籽提取物与茶多酚复合，用于罗非鱼的保鲜，研究发现添加活性物质复合保鲜可以延缓罗非鱼肉酸败、脂肪氧化和蛋白质变性，从而有效延长鱼肉货架期[3]。处理有利于保持鱼肉水分，抑制pH值、TBA值、TVBN值升高，降低鱼肉的菌落总数；同时，抑制鱼肉肌原纤维蛋白的氧化变性、延缓溶解度、抑制巯基含量的降低以及羰基含量、表面疏水性的增加。对维持鱼肉贮藏过程中的品质特性及蛋白的功能性质具有较理想的效果，在水产品及肉制品加工贮藏过程中具有一定的运用潜力，一定程度抑制鱼体自身氧化及微生物的生长，从而延缓羰基化合物的生成。减少内部的疏水性氨基酸的暴露，延缓蛋白表面疏水性上升，延长了产品货架期。膜本身具有一定的抗氧化和抑菌作用，对抑制鱼体自身氧化及微生物的生长有较好的效果，从而延缓鱼肉肌原纤维蛋白溶解度的降低，在一定时间内能有效抑制微生物的生长代谢及鱼体蛋白的氧化分解，延缓鱼体品质的劣变。有利于抑制微生物生长繁殖，延缓鱼体蛋白及脂质氧化，从而降低碱性物质的生成。延缓鱼肉脂质和蛋白氧化分解的速度，延缓了持水率的下降。

Zhao等研究了不同水溶性多酚提取物［石榴皮（PPE）、葡萄籽

(GSE)和绿茶(GTE)]通过真空浸渍包衣对冷藏草鱼片品质保持和菌群的影响[4]。与对照相比,使用涂层可以显著缓解鲤鱼片的质量下降。正如微生物计数和高通量测序所表明的那样,保护涂层有助于抑制细菌生长,尤其是假单胞菌。与细菌相关的总挥发性基氮(TVBN)和K值等指标在涂料组中的水平低于对照组。此外,涂层还减缓了鱼片颜色、质地和保水能力等物理性能的恶化,使鱼片具有更好的食用品质。相比之下,与单独使用壳聚糖涂层相比,复合涂层处理的鱼片在贮藏过程中具有更好的质量,并且壳聚糖和提取物之间也观察到相对较好的协同抗菌效果,尤其是CH-GTE(壳聚糖+绿茶)。总体而言,CH-GTE抑制品质劣化的性能最佳,其中TVBN、TBARS、K值和水损失值最低,剪切力和感官偏好值最高。显著缓解鱼片品质的劣化。

郝子娜等的研究发现随着茶多酚-海藻酸钠涂膜浓度增大,草鱼的硬度、弹性和咀嚼性变化程度逐渐减小[5]。这表明使用茶多酚-海藻酸钠涂膜处理可更好地保持草鱼的质构特性。并且茶多酚浓度越高,TBARS值越低,表明高浓度茶多酚-海藻酸钠涂膜对氧气的阻隔效果更好,从而在一定程度上减缓了鱼片脂质氧化速率。同时,采用茶多酚-海藻酸钠涂膜保鲜草鱼可以有效地控制草鱼菌落总数的增长,贮藏结束(12 d)时,涂膜组的持水性仍高于对照组,并且茶多酚浓度越高,持水性越好,说明这很好地抑制了鱼肉持水性的下降。原因可能是由于涂膜的包裹,改善了草鱼鱼肉的硬度损伤,减缓了鱼肉软化变质的进程,可有效抑制微生物的繁殖。

三、植物精油

植物精油一般指通过蒸汽蒸馏过程获得的挥发性油状液体,而植物提取物则是植物材料经过清洗、干制、研磨萃取出的溶剂[6]。最初常用浸泡方式来应用植物萃取物以及精油,一般浸泡30 min后沥干水分,同时结合不同包装方式进行低温保藏[7],而最近的研究多将其制备成纳米乳液后与其他生物材料结合进行涂膜或覆膜包装[8]。

Echeverria等在大西洋蓝鳍金枪鱼的鱼片中用0.5 mL(w/v)丁香精油测试中应用富含苯丙烷的薄膜,对保质期产生了积极影响,减少了微生物腐败,且保护金枪鱼片免受脂质自氧化[9]。

Wang 等将牛至精油与微孔淀粉结合制备淀粉/聚乙烯醇薄膜并用于鲈鱼的保鲜，达到了显著抑制微生物繁殖、脂肪氧化和蛋白质分解的效果[10]。含有牛至精油的薄膜可以抑制鱼类的脂质氧化，表明这些薄膜表现出良好的抗氧化活性。牛至精油的抗氧化作用机制包括结合过渡金属离子催化剂、防止自由基链萌生、与自由基相互作用以及过氧化物的分解。另一个原因是淀粉/聚乙烯醇+牛至精油-微孔淀粉薄膜具有最佳的氧阻隔性能，并抑制了好氧微生物的生长。因此，牛至精油释放缓慢的淀粉/聚乙烯醇薄膜延长了鲈鱼在储存期间的保质期。牛至精油的抑菌机制主要表现在3个方面：①它会影响细胞膜的通透性并对其造成不可逆的损害；②牛至精油抑制了三羧酸循环途径及其关键酶和受影响的代谢物；③香芹酚和百里香酚是本研究使用的牛至精油的主要成分。

Lan 等发现果胶与植物精油结合可有效保存大黄鱼在 4℃ ±1℃下的肌原纤维（MPs）和肌肉组织酶活性[11]。与对照组相比，PO（果胶-牛至精油）和 PG（果胶-生姜精油）组通过减少蒸煮损失、延缓 WHC 的降低和抑制游离水含量来防止不良质地变化。PO 和 PG 对蛋白质氧化也有显著的保护作用，包括减小羰基的生成和抑制内源性酶活性、降低总巯基含量。此外，果胶与精油结合可有效减缓冷藏过程中 MPs 的减少。总体而言，果胶与植物精油的结合对大黄鱼品质保鲜效果最好。这些结果表明，在果胶中添加 EOs 可以将黄花鱼的货架期至少再延长 7 天。因此，它可能适合作为保持鱼肉新鲜度的方法。

Jalali 等研究表明丁香精油-海藻酸钠-羧甲基纤维素钠复合涂膜可以提高涂膜鲢鱼片的品质，可将银片的保质期维持至 16 d，质地、气味、颜色或整体可接受性没有任何明显损失，并且与其他处理相比，它具有较低的细菌计数、TVBN 和脂质氧化率[12]。

四、壳聚糖

壳聚糖是一种线性阳离子高分子聚合物，具有生物相容性、抗氧化性、抑菌性以及聚合成膜性等特点，常用于制作具有防腐性能的覆膜与涂料。2013 年美国食品和药物管理局将壳聚糖列入一般公认安全物质（Generally Recognized as Safe，GRAS），可作为安全无毒的食品保鲜材料。但当基质 pH 值上升时，壳聚糖会转化为不溶形式而失去抗菌活性，使用时添加其他生物活性成分或进行改性处理则能更好发挥其抗菌作用[13]。

Wang 等研究的壳聚糖与黄皮籽油复合膜可以有效抑制金鲳鱼（*Trachinotus Blochii*）中微生物的繁殖及水解酶与脂氧合酶的活性，达到延缓色泽与质构变化的目的[14]。根据不同处理后的 POV 和 TBARS 值，表明壳聚糖-精油复合膜与通过抑制酶活性和减少 FFA 生成的脂质变质来保持鱼片质量。壳聚糖-精油复合膜对鱼片脂质发挥了更显著的抗氧化作用。这一观察结果大概源于精油的抗氧化机制，包括自由基链预防、过渡金属离子催化剂的结合以及与自由基的相互作用，也有部分去除氧气的作用。

五、海藻糖和复合磷酸盐

海藻糖理化性质稳定，在人体内易被酶降解为葡萄糖而被人体吸收利用，作为一种新型的抗冻保护剂近年来已用于水产品保藏中[15]。

苏赵等研究添加海藻糖对草鱼蛋白质变性的抑制效果，首先检测冻藏期（12 周）内各组盐溶性蛋白、总巯基、Ca^{2+}-ATP 酶活力、羰基含量的变化，发现 6% 添加量能最大程度地抑制蛋白质的变性，并于冻藏 6 个月后对质构特性进行测定，发现极显著高于对照组（$p<0.01$），扫描电镜发现该组鱼糜凝胶超微三维网状结构更为紧实、致密、坚韧[16]。综上表明，6% 的海藻糖能抑制草鱼鱼糜蛋白在冷冻过程中的变性，延缓鱼糜冻藏品质的下降。海藻糖对淡水鱼糜冻藏期间的蛋白稳定性起到一定的保护作用。鉴于脂肪的次级氧化会产生自由基，因此，推测这种保护作用也可能与海藻糖能抑制脂肪的次级氧化有关。

为了强化鱼类制品的抗冻效果，一般在添加糖类抗冻剂的同时，都会加入复合磷酸盐进行复配[17]，单独使用磷酸盐对抑制蛋白质冷冻变性的效果并不明显[18]，而复合磷酸盐具有调节 pH 值、乳化、缓冲、螯合金属离子等功能，能够提高肉制品质地、风味和嫩度[19]。

六、其他

在大蒜提取物（葱属）的研究中，1∶10（样品/dH_2O）的水提取法用于用 10%（w/w）提取物处理的大西洋鲱鱼片（*Clupea harengus*）的测试，而将 1∶10 的乙醇提取物（样品/乙醇）应用于浓度为 3%（w/w）的虹鳟鱼（*Oncorhynchus mykiss*）鱼片。然而，与使用水性提取物的研究相比，使用乙醇大蒜提取物，即使是较低浓度，也表明延长鱼片保质期的效果更有效。同时，提取物显著延迟脂质氧化和微生物腐败（$p<0.05$）。它们还有助于显著高于对照组的感官质量（$p<0.05$）。这可能与酚类化合物的抗氧化活性有关，这些活性与它们破坏自由基、螯合金属阳离子或提供氢原子的能力有关。Ajwain（3%）和青葱（3%）处理通过降低酸值直到冷藏期结束对脂质氧化具有最显著的效果。当脂肪酸败时，甘油三酯会转化为脂肪酸和甘油，从而增加样品的酸值。这些影响很可能是由于其酚类和硫化合物含量的结果，已知这些化合物在稳定脂质氧化、抗高血压和抗血栓作用以及降低致癌特性方面具有重要作用。用植物提取物处理的鱼中 TVB-N 形成的延迟速率可能与细菌种群的快速减少或细菌对非蛋白质氮化合物的氧化脱氨能力降低或两者因素的组合有关。添加草药提取物具有抗氧化和抗菌活性，因此，在保持其质量的同时延长了鱼的保质期[20]。

第二节　鱼柳包装材料保鲜效果

为了保持鱼柳的品质，使鱼柳在保藏、流通、销售过程中不变质，防止微生物的污染，防止产生化学、物理变化，往往需采用包装来隔绝一定的污染。目前，我国允许使用的食品包装材料比较多，不同厂家不同品牌所用的材质不同，质量也参差不齐，常见的市售包装材料包括透明包装材料如低密度聚乙烯（PE-LD）、聚酰胺（尼龙）、聚偏二氯乙烯（PVDC）；半透明包装材料如高密度聚乙烯（PE-HD）、乙烯-乙酸乙烯共聚物（EVA）；不透明包装材料如珠光膜-聚对苯二甲酸乙二酯-流延聚丙烯（珠光膜-PET-CPP）等[21]。选择鱼柳包装材料应满足以下两个特性：品质保护性和加工适应性。品质保护性体现在延长鱼柳食品货架期，维持适度水分，减少外界微生物的污染，便于贮藏运输和流通，且具有相应的阻隔性能和稳定性。加工适应性包括力学性能（如抗拉强度、延伸度等）、热封性、商品性、经济性及节约资源性等。当前研究得较多的鱼柳包装材料包括传统塑料复合包装、纳米复合包装、活性包装、可食性膜和一些新型可降解包装材料[22]。

一、传统塑料复合包装

传统包装塑料具有不可替代的多重优势，仍是当今市场消费的主流。常见的材料有聚乙烯（polyethylene，PE）、聚丙烯（polypropylene，PP）、尼龙（polyamide，PA）、聚酯（polyethylenetereph-thalate，PET）、聚偏二氯乙烯（polyvinylidenechloride，PVDC）、聚氯乙烯（polyvinylchloride，PVC）、铝箔等。PE包装的阻水阻湿性较好，具有优良的化学稳定性和耐低温性能，但其阻气性较差。尼龙包装的力学强度较高、韧性较好，具有良好的耐热性和耐磨性，但其水蒸气透过率较高。PET塑料具有较好的耐热性和化学稳定性，吸水率低，且柔软性好。PVDC具有优良的耐磨性、柔韧性、耐化学腐蚀性、阻氧性和阻湿性，但不耐热封。单层或单一成分的包装材料对肉品的保鲜作用有限，目前研究得较多的有多层共挤复合膜材料，如PA/PE、PET/PE、PVDC/PE、乙烯-乙烯醇共聚物（ethylenevinylalcoholcopolymer，EVOH）、聚苯乙烯（polystyrene，PS）复合材料等，它们具有高阻隔、高密封、耐高温、耐酸碱等多重优势。利用此类复合材料包装肉类食品，可显著抑制贮藏期间肉品微生物的生长，脂肪和蛋白质的氧化，贮藏损失及色泽劣变等。高阻隔性包装材料对于肉品保鲜至关重要。对于不同种类的鱼柳，可能适宜的包装材料也有所不同，并不是阻隔性越好越有利于肉品的保鲜，还受到鱼柳自身特点、存放温度、存放湿度、气体成分等因素的共同影响。

二、活性包装

活性包装材料是将抗菌剂、抗氧化剂、气味吸收剂、水分控制剂等活性物质通过共混、涂覆、加入小袋或衬垫等方式与包装材料结合而构成的活性包装系统，使食品、包装与环境相互作用，从而达到提升肉品感官品质、延长肉品货架期的目的。目前，可将常见的抗菌活性物质分为以下几类：精油，如生姜精油、肉桂精油、迷迭香精油、牛至精油、葡萄籽精油等；酶，如几丁质酶、溶菌酶、葡萄糖氧化酶等；细菌素，如乳酸链球菌素、那他霉素、片球菌素等；抗菌聚合物，如壳聚糖、月桂酸酯、环六亚甲基四胺等；有机酸及其他有机化合物，如乳酸、柠檬酸、苯甲酸钠等；抗菌性纳米颗粒，如银、铜、二氧化硅、氧化锌等纳米粒子。其中多糖与抗氧化或抗菌植物精油的结合为食品工业创造了一个环保的生物包装保存系统。它们可以抑制商品中的食源性致病菌,增强食品安全,提高食品质量[23,24]。在环境可持续性方面,植物生态系统多糖抗菌膜不仅增加了天然可再生资源的利用,而且增强了食品的保藏性,减少了食品的腐败。

根据活性包装的原理可分为吸收型和释放型两类,从功能上又可分为抗菌活性包装、抗氧化活性包装、水分和二氧化碳控制包装及除异味活性包装等。吸收型活性包装主要有水分清除型和氧气清除型两类。可将有效的水分清除剂进一步分为两种主要类型:清除顶部空间湿度的相对湿度(Relative Humidity,RH)控制器(如干燥剂)、吸收液体的水分去除剂。后者的应用可以采用衬垫形式,通常被放在包装产品下面。这种衬垫大多由多孔材料、聚合物(如 PP、PE)、发泡 PS 片材与高吸水性聚合物/矿物/盐(聚丙烯酸酯盐、羧甲基纤维素、淀粉共聚物、二氧化硅/硅酸盐)结合而成。释放型活性包装主要有 CO_2 释放装置、抗氧化、抗菌包装体系三类。在鱼柳肉品保鲜领域,研究的较多的主要有抗氧化和抗菌活性包装。抗菌活性包装作为传统包装的延伸,基于产品、包装和环境之间的相互作用,保护食品免受氧化和微生物污染,以提高食品质量和延长保质期[4]。

目前,针对活性包装膜用于鱼柳保鲜包装的研究较多。抗菌剂或抗氧化剂的加入可较好地维持包装肉品的感官品质,延长其货架期。抗菌包装是水产品安全包装领域的新发展,它在未来鱼柳安全的保护和保存中起着重要的作用。但由于有机抗菌剂与塑料混合时的加工条件很苛刻,其活性会受到限制。水产微生物也容易对有机抗菌剂产生耐药性;因此,在鱼柳包装中持续使用有机抗菌剂并不是可持续的方案[25]。今后可通过微胶囊、多孔吸附等技术调控活性物质的释放速率,使其更接近于食品腐坏速率;可通过加入色素、香料、营养素等成分进一步改善包装肉品的感官特性;可研究活性膜与其他技术的联合作用,如气调保鲜、纳米包埋技术、辐照、超声波及超高压技术等。

三、纳米复合包装

纳米复合包装材料是结合纳米技术,通过纳米合成,在分子、原子水平上设计并制造出的具备某种特性或功能的包装材料。当前的研究多集中于聚合物基纳米复合材料,即将纳米级填料分散于柔性聚合物基体中,复合方法主要包括纳米微粒填充法、纳米微粒原位复合法、聚合物基体原位聚合法、两相同步原位合成法等。目前,常用的纳米微粒有 Ag、ZnO、SiO_2、TiO_2 等,聚合物有 PE、PP、PA、PET、PVC 等。相较于传统的包装材料,纳米复合材料具有多重优势,如良好的阻隔性、耐热性、耐磨性、可塑性,优良的加工性能,能够提升产品的品质,延长食品的货架期,具有良好的生态性及更长的使用寿命。纳米材料增加了表面积和负载生物活性化合物的容量,并提高了薄膜和涂层的稳定性和机械性能[6]。优化纳米复合材料制备工艺对提升材料的力学性能和阻隔性至关重要,对于进一步拓展鱼柳食品包装材料的种类有着十分重要的意义。目前,纳米保鲜材料的研究和应用尚存在诸多不足,如主要将纳米保鲜膜应用于蔬菜水果包装,在鱼柳保鲜领域的应用相对较少;纳米粒子与有机聚合物或其他高分子材料间的作用机理还需进一步研究。此外,纳米保鲜材料的制作成本较高、成膜基材少,且其安全性还未完全得到证实。未来可进一步扩展纳米包装材料在肉品保鲜领域的应用,研究纳米材料结合气调包装等技术对肉品感官品质的影响。

四、新型可降解包装材料

为了降低传统合成塑料对环境造成的污染,实现包装的环保性和可持续发展,研究新型绿色包装材料成为当下的热点。针对可食膜的研究,国内外已有大量文献报道,它作为一种可降解绿色环保的保鲜材料具有广阔的应用潜力。例如,抗氧化可食膜为一类功能性包装材料,向成膜基质中添加抗氧化剂等活性成分,通过涂抹或包裹等方式覆于食品表面,从而达到阻隔气体、吸收氧气或清除有害物质的作用,同时降低脂质和蛋白质氧化速率,保证食品安全,延长食品货架期。

除可食性保鲜膜外,国内外也大量报道了新型可降解包装材料。选用可降解成分在一定程度上缓解了"白色污染",降低了环境负荷。美国化学学会(The American Chemical Society,ACS)报道了一种新型生物可降解的包装薄膜材料,利用从牛奶中提取的酪蛋白来制备包装薄膜,经研究,它具有更小的微孔,且其阻氧性能比现有包装塑料薄膜材料更佳。此外，将可降解成分与具有特定抗氧化或抗菌等功能的天然活性成分提取物结合，制备新型可降解活性包装材料，可能成为今后新的研究方向，具有一定的应用前景。随着人们食品安全意识的提高，消费者更倾向于选择高品质、高营养的新鲜天然产品，复合生物基薄膜会受到越来越多的关注。

五、智能包装

智能包装（Intelligent Packaging，IP）是在传统包装基础上，融合生物、电子、传感器和物联网等先进技术，能够实现多元智能功能（如检测、传感、记录、跟踪、沟通等）的包装系统。它不仅可以监测产品质量、跟踪关键点，还可以提高产品的安全性，预警可能出现的问题，并在整个供应链中提供更详细的信息。食品新鲜度的智能包装，既是对食品的封装和保护，也是对食品质量的指示，是对传统的"保质期"和"有效期"指示食品新鲜度方法的重大改革[26]。智能包装系统通常包括以下组件：指示器，如时间-温度指示器、完整性或气体指示器、新鲜度指示器；条码及射频识别，如RFID（Radio Frequency Identification）标签；传感器，如生物传感器、气体传感器和荧光氧传感器。智能活性包装提供了一种设计创新活性包装系统的新方法，因为它们能够响应存储环境中的微小变化。与传统活性包装相比，智能活性包装能更好地实现刺激响应释放[27]。

智能包装突破了传统包装体系的局限，顺应了时代的发展。智能功能的实现离不开相应材料和技术的支撑，只有充分了解智能原理、智能技术、智能方法及智能材料的性质，并灵活运用整合到智能包装设计上，增加智能包装的易用性和实用性，才能设计出符合发展需求的智能包装。

参考文献

[1] 郝子娜,冯硕,赵凯,等.茶多酚-海藻酸钠涂膜处理对草鱼储藏品质的影响.保鲜与加工,2022,22(7):31-36.

[2] 胡晓亮,王易芬,郑晓伟,等.抗冻剂在水产品冻藏中的应用研究.中国农学通报,2015,31(35):38-42.

[3] 蒋雨心,孙悦溪,杨晓玲,等.葡萄籽提取物、茶多酚可食性活性包装膜对罗非鱼的保鲜作用.食品与发酵工业.2024,50(6):169-176.

[4] 齐江涛, 谢伟, 李苗云, 等. 包装材料对调理川香鸡柳保鲜效果研究. 中国调味品, 2023, 48(3): 119-123.

[5] 尚珊, 祁立波, 姜鹏飞, 等. 海藻糖和复合磷酸盐对鲟鱼肉冻融稳定性的影响. 食品工业科技, 2020, 41(9): 205-209+326.

[6] 苏赵, 胡强, 李树红, 等. 海藻糖对草鱼鱼糜冻藏品质的影响. 食品与机械, 2017, 33(7): 139-144.

[7] 王修俊, 刘颖, 邱树毅, 等. 复合磷酸盐在鱼肉保水性方面的应用研究. 肉类工业, 2008(3): 42.

[8] 张乾坤, 康桦华, 刘梦竹, 等. 肉品保鲜包装材料与新技术研究进展. 包装工程, 2024, 45(3): 126-138.

[9] BASKARAN A, KAARI M, VENUGOPAL G, et al. Anti freeze proteins (Afp): Properties, sources and applications: A review. International Journal of Biological Macromolecules, 2021, 189: 292-305.

[10] DU H, SUN X, CHONG X, et al. A review on smart active packaging systems for food preservation: Applications and future trends. Trends in Food Science & Technology, 2023. DOI:10.1016/j.tifs.2023.104200.

[11] ECHEVERRIA I, ELVIRA LOPEZ CABALLERO M, CARMEN GOMEZ GUILLEN M, et al. Active nanocomposite films based on soy proteins montmorillonite clove essential oil for the preservation of refrigerated bluefin tuna (*Thunnus thynnus*) fillets. International Journal of Food Microbiology, 2018, 266: 142-149.

[12] GURAN H S, OKSUZTEPE G, COBAN O E, et al. Influence of different essential oils on refrigerated fish patties produced from bonito fish (*Sarda sarda* Bloch, 1793). Czech Journal of Food Sciences, 2015, 33(1): 37-44.

[13] GÜRDAL A A, ÇETINKAYA T. Advancements in edible films for aquatic product preservation and packaging. Reviews in Aquaculture, 2024, 16(3): 997-1020.

[14] HOU T, MA S, WANG F, et al. A comprehensive review of intelligent controlled release antimicrobial packaging in food preservation. Food Science and Biotechnology, 2023, 32(11): 1459-1478.

[15] JALALI N, ARIIAI P, FATTAHI E. Effect of alginate/carboxyl methyl cellulose composite coating incorporated with clove essential oil on the quality of silver carp fillet and *Escherichia coli* O157: H7 inhibition during refrigerated storage. Journal of Food Science and Technology Mysore, 2016, 53(1): 757-765.

[16] LAN W, SUN Y, CHEN M, et al. Effects of pectin combined with plant essential oils on water migration, myofibrillar proteins and muscle tissue enzyme activity of vacuum packaged large yellow croaker(*Pseudosciaena crocea*)during ice storage. Food Packaging and Shelf Life, 2021, 30: 100699.

[17] Li X L, Shen Y, Hu F, et al. Fortification of polysaccharide based packaging films and coatings with essential oils: A review of their preparation and use in meat preservation. International Journal of Biological Macromolecules, 2023, 242: 124767.

[18] MUNOZ SHUGULI C, VIDAL C P, CANTERO LOPEZ P, et al. Encapsulation of plant extract compounds using cyclodextrin inclusion complexes, liposomes, electrospinning and their combinations for food purposes. Trends in Food Science & Technology, 2021, 108: 177-186.

[19] NIAN L, CAO A, CAI L. Investigation of the antifreeze mechanism and effect on quality characteristics of largemouth bass(*Micropterus salmoides*)during F T cycles by hAFP. Food Chemistry, 2020, 325. DOI:10.1016/j.foodchem.2020.126918.

[20] OZOGUL Y, BOGA E K, AKYOL I, et al. Antimicrobial activity of thyme essential oil nanoemulsions on spoilage bacteria of fish and food borne pathogens. Food Bioscience, 2020, 36. DOI:10.1016/j.fbio.2020.100635.

[21] RAEISI S, SHARIFI RAD M, QUEK S Y, et al. Evaluation of antioxidant and antimicrobial effects of shallot(*Allium ascalonicum* L.)fruit and ajwain (*Trachyspermum ammi*(L.)Sprague)seed extracts in semi fried coated rainbow trout(*Oncorhynchus mykiss*)fillets for shelf-life extension. Lwt-Food Science and Technology, 2016, 65: 112-121.

[22] SHAO P, LIU L, YU J, et al. An overview of intelligent freshness indicator packaging for food quality and safety monitoring. Trends in Food Science & Technology, 2021, 118: 285-296.

[23] THUONG THI N, UYEN TO THI D, QUYNH PHUONG THI B, et al. Enhanced antimicrobial activities and physiochemical properties of edible film based on chitosan incorporated with *Sonneratia caseolaris*(L.)Engl. leaf extract. Progress in Organic Coatings, 2020, 140: 105487.

[24] WANG J X, CHEN C W, XIE J. Loading oregano essential oil into microporous starch to develop starch/polyvinyl alcohol slow release film towards sustainable active packaging for sea bass(*Lateolabrax japonicus*). Industrial Crops and Products, 2022,

188. DOI:10.1016/j.indcrop.2022.115679.

[25] WANG S, LIU Z, ZHAO M, et al. Chitosan wampee seed essential oil composite film combined with cold plasma for refrigerated storage with modified atmosphere packaging: A promising technology for quality preservation of golden pompano fillets. International Journal of Biological Macromolecules, 2023, 224: 1266-1275.

[26] ZHANG A, QI W, SINGH S K, et al. A new approach to explore the impact of freeze thaw cycling on protein structure: hydrogen/deuterium exchange mass spectrometry (HX MS). Pharmaceutical Research, 2011, 28(5): 1179-1193.

[27] ZHAO W, YU D, XIA W. Vacuum impregnation of chitosan coating combined with wa-ter soluble polyphenol extracts on sensory, physical state, microbiota composition and quality of refrigerated grass carp slices. International Journal of Biological Macromolecules, 2021, 193: 847-855.

第八章 淡水鱼生超低温冷冻安全加工技术体系构建与应用

淡水鱼生由于原料鱼取材容易、成本低廉、鱼肉味道鲜美，广受消费者喜爱，但往往受寄生虫感染所困扰，严重影响着鱼生产业的健康发展。鱼生安全问题，与原料鱼生产、鱼生加工、寄生虫检验等诸多环节相关，特别是加工环节，如何既能杀灭寄生虫，又不影响鱼生的口感是关键。作者团队经多年科研攻关，从原料鱼的生态安全养殖、超低温冷冻处理杀虫、鱼肉保鲜和寄生虫快速检验等方面进行系统深入的研究，初步构建了淡水鱼生超低温冷冻安全加工技术体系，并在鱼生产业中推广应用。

第一节　技术路线

整体技术路线见图8-1。

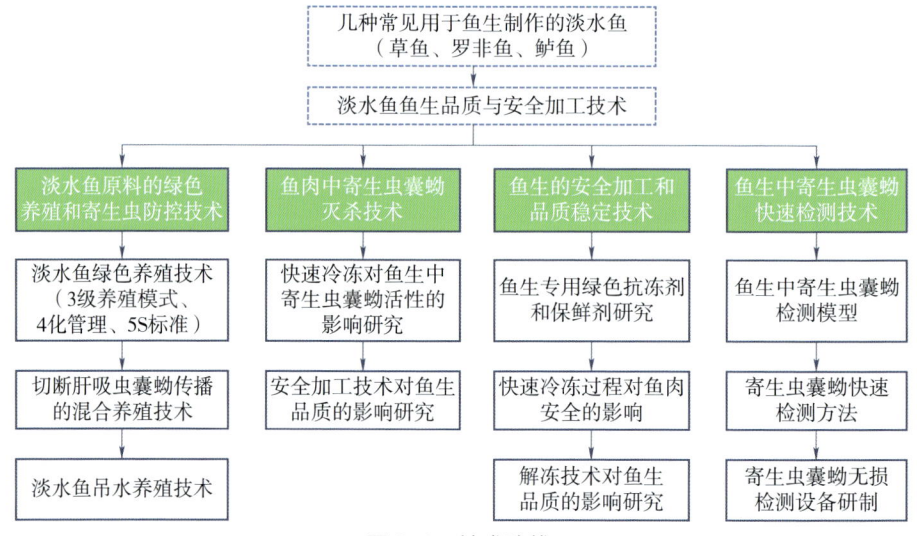

图8-1　技术路线

第二节 淡水鱼的绿色养殖和寄生虫防控技术

一、淡水鱼生态养殖体系

对于鱼生而言，原料鱼的来源非常重要，绿色健康的养殖方式使鱼肉的安全性和品质都有保障。本技术以广州市诚一水产养殖有限公司（以下简称"诚一"）形成了独具特色的诚一鲜鲩鱼345生态养殖体系为基础，不断创新提升养殖条件，为鱼生产业提供优质的原料鱼（图8-2）。作为鱼生原料专用鲩鱼，与一般鲩鱼不同之处就是优质、控虫。同时，考虑超低温冷冻环节，原料鱼要在2.25 kg左右，肉质充实，耐冰冻。选择诚一鲜鲩作为鱼生原料专用鲩鱼，建立了一套优质、控虫、耐冻诚一鲜鲩的养殖生产技术体系。

二、优质诚一鲜鲩原料鱼的345生态健康养殖技术

广州市诚一水产养殖有限公司经过多年的探索和研究，形成了独具特色的诚一鲜鲩345生态养殖体系（图8-2）。

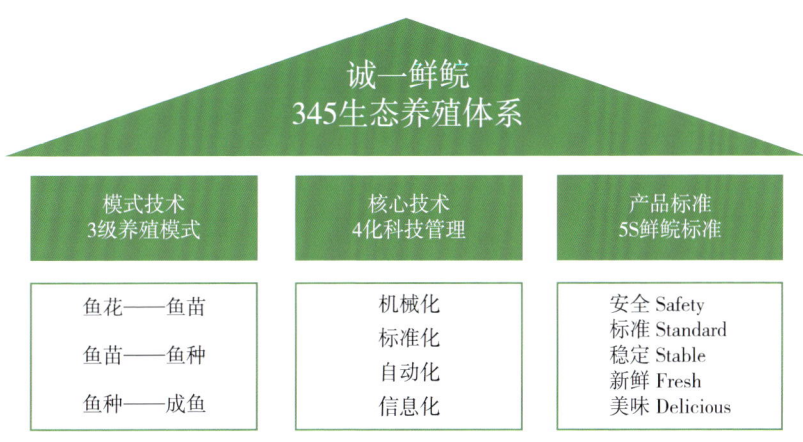

图8-2 诚一鲜草鱼345养殖体系模式图

（一）3 级养殖

根据鳜鱼的生长特点，诚一将鳜鱼的养殖大致分成 3 个阶段，即 3 级养殖。第一级养殖，划分特定育苗区，从鱼花生长成为 100 g/尾的种苗。鱼花源自优质长江系草鱼花研制的优质抗病草鱼花，放养密度 30 万～50 万尾/亩，在生长早期投喂优质鱼花营养料，保证开花质量；待鱼花生长至 7 朝（0.25 g/尾）时进行第一次转塘，密度降至 4 万～5 万尾/亩，以提高鱼苗生长速度和成活率；待鱼苗达 12 朝（10～12 g/尾）时进行第二次转塘，密度降至 1.5 万～2 万尾/亩；待鱼苗长至 100 g/尾时进行第三次转塘。第二级养殖，划分特定鱼种区，从 100 g/尾养至 400 g/尾规格的鱼种。放养密度为 3 500～4 500 尾/亩，同时套养适量的鲢、鳙、鲫、鲮、青鱼和黄颡鱼，使饵料和水体空间得到充分利用，改善水质，待鱼种规格达 400g/尾时进行第四次转塘。第三级养殖，从 400 g 的鱼种养至 1 000 g 的商品鱼，放养密度为 1 300～1 800 尾/亩，同时搭配适量的鲢、鳙、鲫、鲮、青鱼和黄颡鱼以调节水质。

诚一通过 3 级养殖，实现对鳜鱼养殖全过程把控，降低养殖成本和风险，提高养殖产量和品质，并保障全年无间断安全稳定供鱼。通过控制水体的清洁性，提高了鱼肉的肉质，减少水体中的病毒、寄生虫等活动，使鱼体更加健康。

（二）4 化管理

传统的水产养殖水平粗放落后，以养殖户个人经验为主导，一定程度上制约池塘生产力的发展，增加了养殖成本投入，而且养殖管理的标准化难以做到可控水平。诚一的 4 化养殖管理是指通过构建智慧渔业管理云平台（图 8-3），养殖全程智能托管，让人工智能代替传统经验，以达到养殖管理机械化、自动化、标准化、信息化的效果。

（1）生产机械化：诚一自主研发了散装饲料投喂系统（图 8-4），其养殖基地配套自动投料仓（用以储存散装膨化饲料）、散装饲料车和 360° 自动投料机。饲料从工厂到池塘，不再需要烦琐的流程，人力得到解放，养殖管理者和工人均可通过中控电脑实时监控饲料库存情况，适时调整投喂时间、投喂量等，极大降低劳动强度，提高生产效率。

第八章 淡水鱼生超低温冷冻安全加工技术体系构建与应用

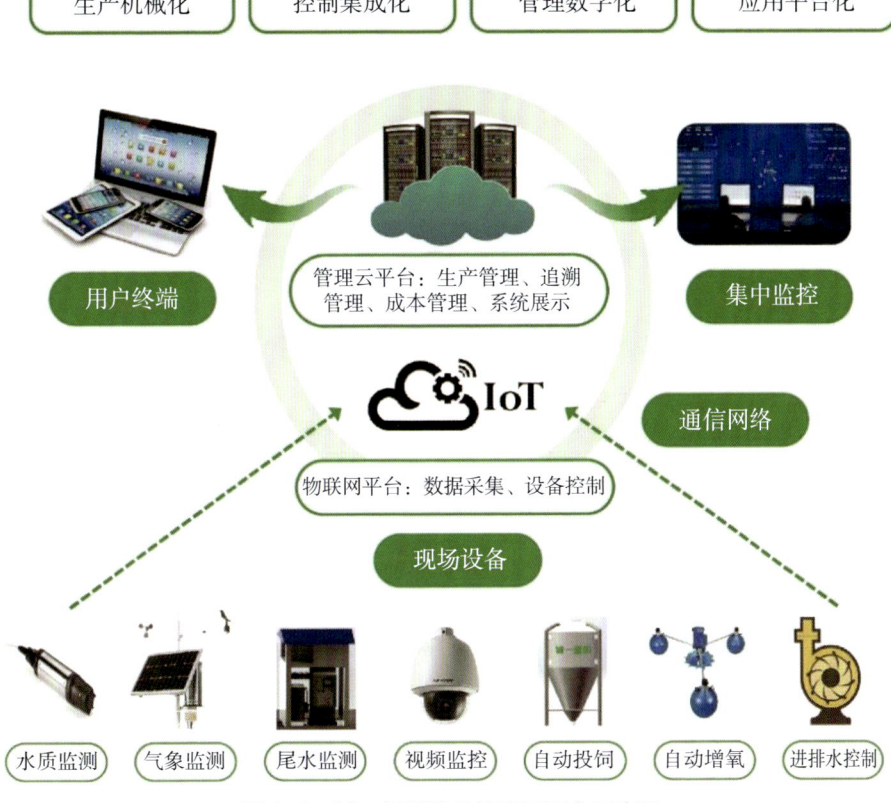

图 8-3 诚一智慧渔业管理云平台示意图

图 8-4 散装饲料投喂系统

（2）自动化：通过智能水质监测控制系统，实时采集和监测池塘水质指标（溶解氧、水温等），并根据参数异常反应机制自动控制增氧机启停，

117

防止出现缺氧事故。当溶解氧低于安全值（如 2 mg/L）时，自动打开增氧机，当溶解氧达到安全值（如 4 mg/L）时，自动关闭增氧机，以节省电能，避免无效增氧，延长增氧机使用寿命，保证池塘环境的稳定性，确保鱼生长环境的安全可靠。

（3）标准化：诚一对养殖过程的每个环节，包括采购、放苗、投喂、水质监测、病害防控、鱼体检查、转塘、销售等都规定了操作标准，并进行生产数据采集录入以及标准化监控，做到生产记录可追溯，数据可分析。

（4）信息化：诚一的智慧渔业管理云平台将智能投料机等养殖设备连接，具备增氧机智能远程操作、养殖数据存储查询、水产品生长状况监控、水质气象实时监测预警的功能（图 8-5）。同时，平台的中控系统还连接数字渔业系统与终端系统，通过数字渔业系统可以实现养殖数据的数字化处理与共享，通过终端系统可以实现即时便携化养殖管理。

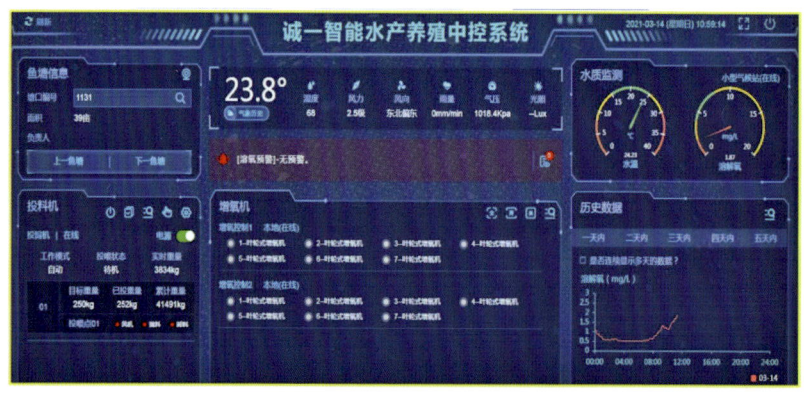

图 8-5　诚一智能水产养殖中控系统可视化界面

（三）5S 标准

通过对采购、养殖、流通全环节控制，建立安全（Safety）、标准（Standard）、稳定（Stable）、新鲜（Fresh）、美味（Delicious）的 5S 鲜草鱼标准。其中，安全是指全程自养，全程检测控制，确保水产品安全健康；标准，以智能化现代生态健康养殖技术为核心，打造标准化水产品标准；稳定，借助 3 级养殖和 4 化科技管理，确保全年供应稳定以及产品品质稳定；新鲜，通过自建物流体系，从鱼塘直达餐桌，省去中间环节，确保鲜活鲜美；美味，通过天然的咸淡水养殖以及 30 d 以上瘦身运动，让肉质更鲜美，口感更紧实，营养更丰富。

三、混合养殖，生物控制肝吸虫污染和传播

淡水鱼的 1+6 生态养殖模式

诚一公司的鲩鱼的 1+6 生态养殖模式是以鲩鱼为主要养殖品种，搭配鲢、鳙、鲫、鲮、黄颡鱼和青鱼等 6 个品种的混合养殖（图 8-6）。其技术依据是利用混养品种的栖息水层和食性，将主养鱼鲩鱼的代谢产物作为其他生物的营养素加以利用，变废为宝，达到节能环保、提升品质、渔业创收的目的。

图 8-6　1+6 生态养殖模式示意图

具体来说，鳜鱼生活在水体中下层，以摄食配合饲料为主，其产生的粪便或残饵等物质则被底层鱼类，如鲫鱼利用；鱼类和微生物代谢产生的氨等物质可以直接被水体中的藻类利用，进一步被原生动物或上层水体的白鲢摄食，而中上层水体的鳙鱼则可以控制微生物（大型菌胶团，含原生动物）和浮游动物；鲮鱼则刮取水底泥土表面生长的藻类，并吞食少量浮游动物和有机碎屑；黄颡鱼生活在水体底层，幼鱼阶段主要摄食水体的浮游动物（如轮虫、枝角类、桡足类），利用此习性可切断锚头鳋的生活史，达到生物防控锚头鳋病的目的，并有效控制因锚头鳋寄生继发的细菌性病害；青鱼以摄食螺蛳为主，通过在鳜鱼池塘中放养一定密度的青鱼捕食螺蛳，控制华支睾吸虫（肝吸虫）的污染，阻断肝吸虫病的传播路径，为消费者提供安全健康的鱼生原料鱼。

自研的"1+6生态养殖模式"通过合理控制养殖密度，将分层养殖、生物防控、分时投料等技术结合起来，大大提高养殖水体生态自净能力，在健康的养殖环境下结合科学投饲就可以减少鱼病的发生，质量安全也得到了有效保证。

四、淡水鱼吊水养殖技术

鲜鳜鱼原料鱼体重达到规格准备上市前，需进入吊水车间经历20～45 d的流水锻炼（图8-7），确保出去的每条诚一鲜鳜鱼体型修长、无泥腥味、肉质紧实。

图8-7 鲜鳜鱼咸淡水生态吊水车间

经检测分析，经过吊水的诚一鲜鳜鱼，在体型上完胜普通鳜鱼，口感上比普通鳜鱼更筋道，营养方面也更胜一筹（图8-8）。

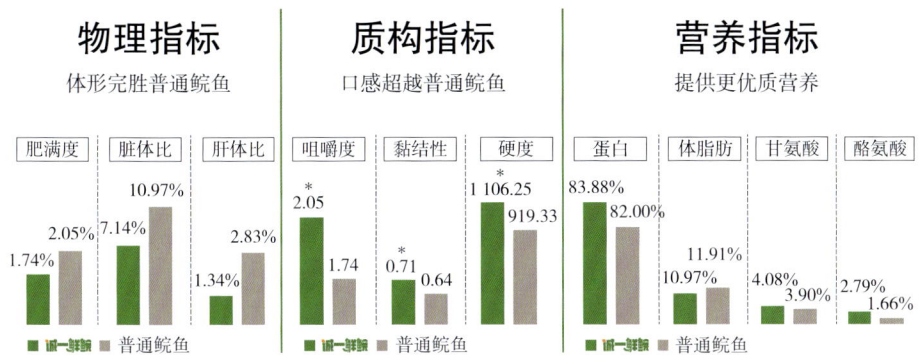

图 8-8　鲜鲩鱼与普通草鱼对比图

第三节　鱼生中寄生虫囊蚴灭杀技术

一、冷冻速率对寄生虫囊蚴活性的影响

世界很多国家都有生食鱼的习惯，三文鱼、金枪鱼、北极贝等风靡各国餐饮市场，但是针对三文鱼等可能存在的寄生虫难题，美国 FDA 提供了三种灭杀寄生虫的方式，一是在 -20℃以下的环境中冷冻 7 d；二是在 -35℃的环境中冷冻 15 h；三是在 -35℃的环境中冻硬然后在 -20℃以下的环境中再冷冻 24 h。而欧盟的标准比较简单，先把鱼冷冻到 -20℃以下，必须冻透，然后继续冰冻 24 小时。在上述条件下，鱼肉中的寄生虫及其囊蚴可以得到有效的灭杀。

美国和欧盟关于生食鱼肉的食品安全规定，超低温冷藏将鱼柳中的水分迅速冻结形成冰晶，可以抑制寄生虫虫体和虫卵的生长，并对其结构造成不可逆的破坏，使其失去感染能力。为了建立适于淡水鱼鱼生的冷冻灭虫囊蚴技术，本研究采用比美国和欧盟更加严苛的操作方法，研究快速低温冷冻条件下对于寄生虫囊蚴的影响，但是尽可能减少冷冻对脆弱的淡水鱼肉爽、脆、鲜、嫩品质的影响，建立适于淡水鱼中灭杀寄生虫囊蚴的技术。

对比研究了 -20℃冰柜冷冻、-35℃冰柜冷冻、-80℃的冰柜冷冻、液氮和液体冷冻 5 种冷冻装备条件下，将等量的鱼生放入各个装备中，鱼生肉质内部温度的变化显示降温速率由快到慢的顺序是液氮、液体冷冻、-80℃的冰柜冷冻、-35℃冰柜冷冻、-20℃冰柜冷冻（图 8-9）。

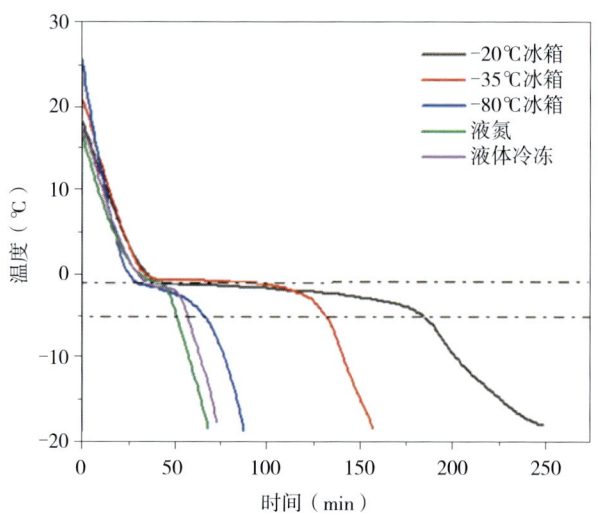

图 8-9　不同储藏条件下鱼柳冷冻温度变化曲线

将通过养殖模型分离得到的含有寄生虫囊蚴的鱼肉肉片分别放入 5 种冷冻装备中，经冷冻贮藏 24 h。研究发现只有一定降温速率范围的条件，会对寄生虫囊蚴形态产生较大影响。太快的降温和太慢的降温都对寄生虫的活性影响有限。在本研究的冷冻条件下，发现 -80℃的冰柜冷冻条件，在 12～24 h 内能够较好影响寄生虫囊蚴的活性。

采用鱼肉消化法酶解含有寄生虫囊蚴的鱼肉，分离寄生虫囊蚴溶液，滴加到鱼片上，观测不同处理方式下寄生虫囊蚴的变化。通过图 8-10A 可知，在常温环境下，寄生虫囊蚴呈椭圆形，内有黑颗粒的排泄囊，囊蚴轮廓圆润饱满。在 -80℃冰箱中冷藏 40 min 后，观察到囊蚴外观已经产生损伤，并开始出现萎缩（图 8-10B）。冷藏 2 h 后，囊蚴轮廓扭曲，萎缩程度增大（图 8-10C）。冷冻 12 h 后，囊蚴发生破裂，内容物外泄（图 8-10D）；冷冻更长时间，在 24 h 后，观察到囊蚴的囊壁结构被严重破坏，内容物大量外泄，虫体没有保护，更容易失活或死亡。研究结果表明，一定程度的超低温冷藏会对囊蚴的生理活性产生致命影响，在经过足够长的冷藏时间，可以有效灭杀鱼生中的寄生虫囊蚴，从而提高了食用鱼生的安全性,降低食用者感染寄生虫疾病的风险。

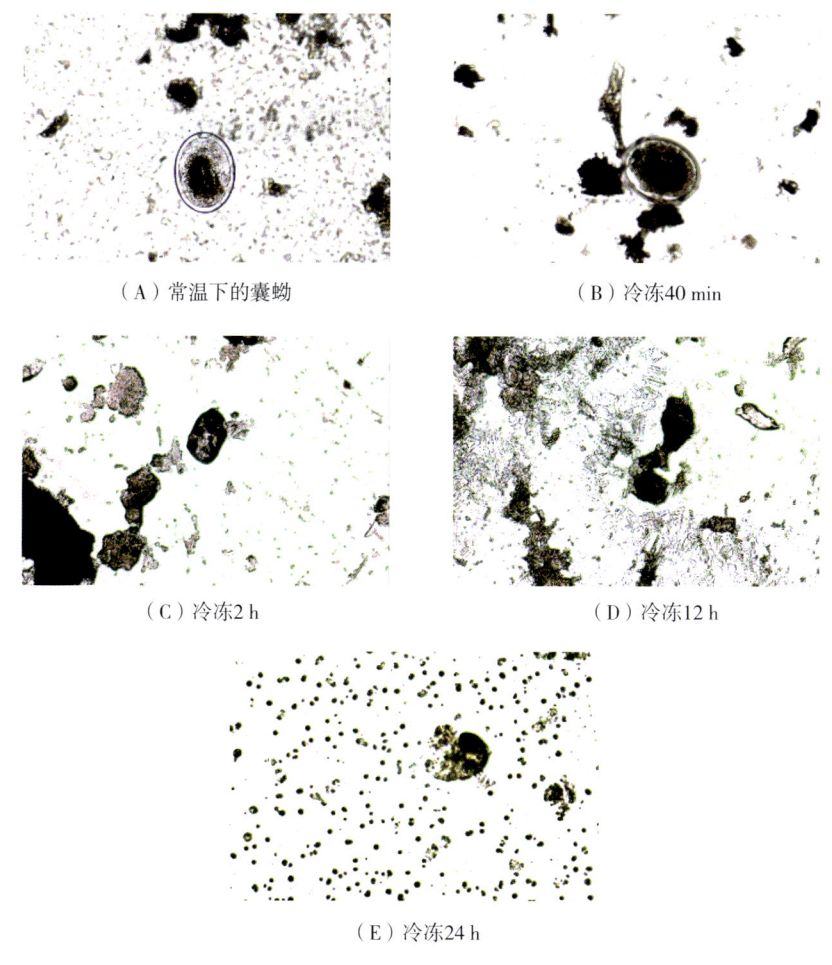

图 8-10　鱼柳中虫卵形态的变化

注:(A)~(E)分别为 -80℃条件下不同冷冻时间寄生虫囊蚴的形态变化

二、冷冻条件对鱼肉中寄生虫囊蚴影响研究

筛选大量的淡水鱼,切鱼肉片进行显微镜观察,构建寄生虫囊蚴感染鱼肉模型,对确定含有寄生虫囊蚴的鱼肉进行切片,放大 40 倍的情况下,可以观察到肝吸虫囊蚴呈椭圆状,以及内部的黑色粒团,囊内幼虫运动活跃;放大 100 倍,可见囊内幼虫吸盘,囊壁分两层,且完整光滑,囊内物

质均匀（图 8-11）。（注：放大 100 倍下拍摄到肝吸虫囊蚴内幼虫活跃的影像）

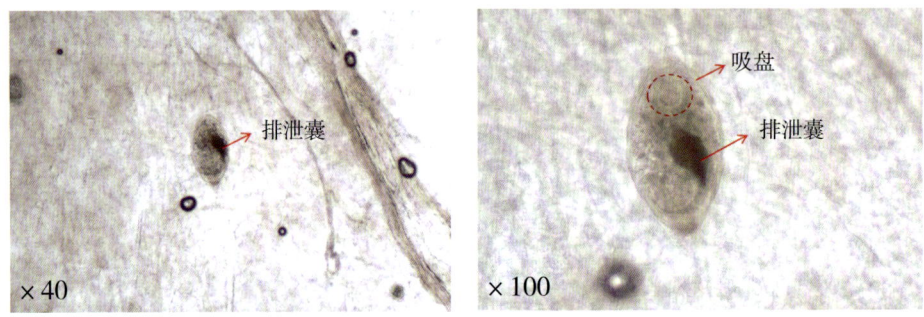

图 8-11　鱼肉中的寄生虫囊蚴（常温）

冷冻 4 h 后，囊内物质出现间隙，内壁曲折、不完整，黑色粒团内出现许多大小不均的气泡（图 8-12）。这说明超低温储藏对囊蚴结构造成了不可逆的破坏，致使囊内物质出现间隙，囊内壁出现破损，排泄囊内出现气泡。此时已经观察不到囊内幼虫的运动。

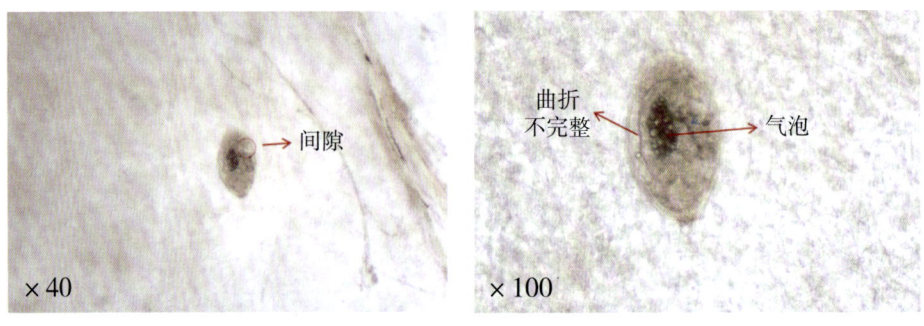

图 8-12　鱼肉中的寄生虫囊蚴（-80℃冷冻 4 h）

冷冻 8 h 后，囊蚴的外壁轮廓颜色不均，出现部分缺失，囊内壁消失，且气泡持续增多（图 8-13）。

冷冻 12 h 后，囊蚴的外壁轮廓模糊，多处出现缺失，囊内气泡变大（图 8-14）。

冷冻 24 h 后，囊蚴的外壁轮廓更加模糊，出现大面积缺失，且囊内出现缺失，物质外溢（图 8-15）。囊壁的破损，内部的尾囊更容易失活和死亡。

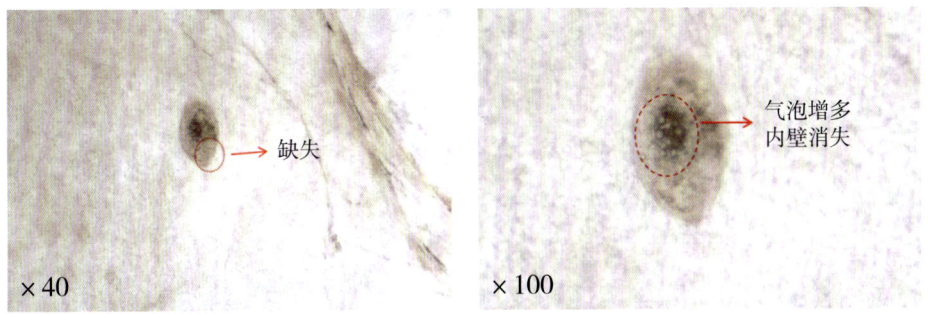

图 8-13　鱼肉中的寄生虫囊蚴（-80℃冷冻 8 h）

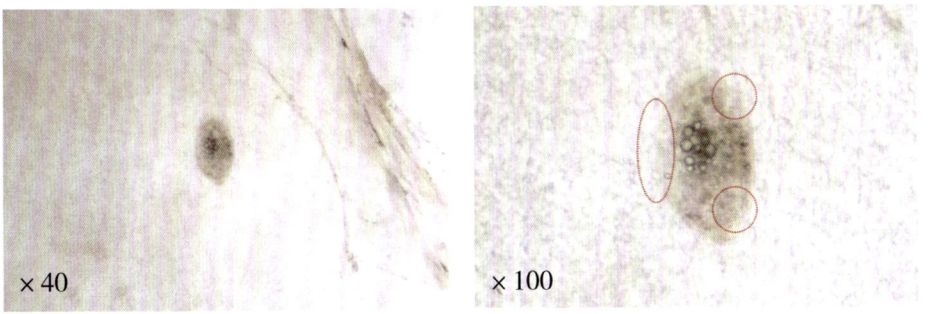

图 8-14　鱼肉中的寄生虫囊蚴（-80℃冷冻 12 h）

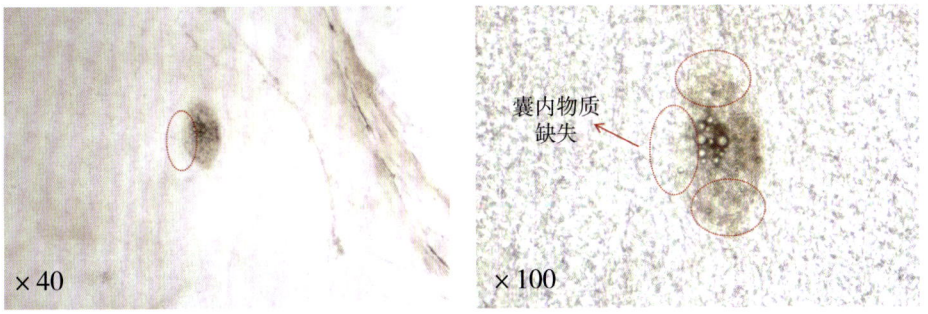

图 8-15　鱼肉中的寄生虫囊蚴（-80℃冷冻 24 h）

三、安全加工技术对鱼生品质的影响研究

质构分析是分析食品质地方法的主要技术手段之一。本研究对不同冷冻条件下的鱼柳进行质构分析，结果如表 8-1 所示。与对照组相比，

-80℃冷冻处理组的硬度、弹性、咀嚼性出现略微降低，内聚力和恢复性基本保持不变，说明-80℃冷藏处理对鱼肉的物性品质影响较小。在4 d以内，同一组不同冷冻时间之间，样品的硬度、弹性、咀嚼性、内聚力和恢复性没有显著性差异（图8-16），说明冷冻时间对鱼肉的物性没有显著性影响（$p>0.05$）。需要注意的是，-20℃冷冻组、-35℃冷冻组和-80℃冷冻组在硬度方面存在明显差异，其他性质的主要指标没有明显差异，冷冻鱼肉的硬度明显降低，这可能与冷冻和解冻过程中的失水率有关。综上所示，对于制作鱼生而言，-80℃超低温冷冻对于鱼肉品质影响更小，-20℃冷冻条件下鱼肉的硬度出现明显下降，采用-80℃超低温冷冻对于鱼肉的口感更加接近于新鲜样品。

表8-1 不同储藏条件下鱼柳的质构变化

样品	硬度（g）	弹性（mm）	内聚力（N/m）	咀嚼性（MJ）	回复性
对照	1 235.632 ± 191.359a	0.801 ± 0.113a	0.296 ± 0.057a	340.968 ± 79.704a	0.100 ± 0.025a
-80℃冷冻1 d	1 122.511 ± 110.936ab	0.665 ± 0.059b	0.335 ± 0.049a	246.607 ± 31.367b	0.157 ± 0.021b
-80℃冷冻2 d	1 076.523 ± 159.061b	0.641 ± 0.073b	0.373 ± 0.045a	259.677 ± 41.600b	0.160 ± 0.024b
-80℃冷冻3 d	1 171.704 ± 120.854b	0.657 ± 0.072b	0.363 ± 0.062a	264.123 ± 33.585b	0.131 ± 0.025a
-80℃冷冻4 d	1 080.313 ± 194.291b	0.646 ± 0.119b	0.341 ± 0.074a	225.073 ± 73.877b	0.110 ± 0.022a
-35℃冷冻1 d	973.324 ± 53.351c	0.680 ± 0.038c	0.362 ± 0.046a	240.261 ± 51.029b	0.150 ± 0.027a
-35℃冷冻2 d	925.334 ± 101.530c	0.670 ± 0.043b	0.381 ± 0.071a	215.905 ± 61.537b	0.129 ± 0.030a
-35℃冷冻3 d	937.048 ± 98.163c	0.636 ± 0.034b	0.332 ± 0.051a	238.633 ± 53.013b	0.117 ± 0.033a
-35℃冷冻4 d	880.464 ± 71.281c	0.667 ± 0.051b	0.336 ± 0.048a	221.497 ± 73.453b	0.123 ± 0.029a
-20℃冷冻1 d	863.324 ± 83.625c	0.638 ± 0.058c	0.360 ± 0.041a	240.261 ± 51.029b	0.155 ± 0.025a

续表

样品	硬度（g）	弹性（mm）	内聚力（N/m）	咀嚼性（MJ）	回复性
-20℃冷冻 2 d	833.334±101.519c	0.673±0.038b	0.380±0.061a	211.905±61.627b	0.149±0.035a
-20℃冷冻 3 d	887.048±98.167c	0.649±0.064b	0.311±0.038a	247.633±55.316b	0.106±0.024a
-20℃冷冻 4 d	840.464±121.392c	0.659±0.064b	0.343±0.0558a	221.497±73.550b	0.118±0.013a

注：不同字母之间表示具有显著性差异，$p<0.05$

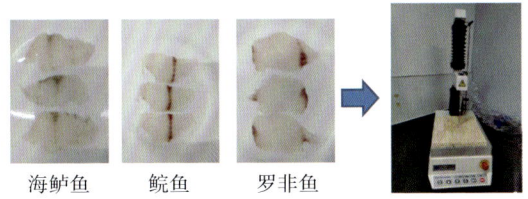

图 8-16　鱼片通过质构检测示意图

第四节　鱼生的安全加工和品质稳定技术

一、速冻技术条件下鱼肉的温度变化规律研究

食品在低温冷冻时，大多数冰晶体都是在 -5～0℃间形成，不同的冷冻条件导致食品的中心温度变化速率不同，即通过冰晶区所需时间不同。将草鱼等淡水鱼放血后，去皮、去骨，切除红色肌肉部分，剩下白色的鱼柳。将鱼柳分别放置于不同的冷冻装置内。从图 8-17 中可以看出，-80℃超低温冷藏条件下鱼柳肉的中心温度从室温降至 -5℃用时约 20 min，其中 0℃降至 -5℃时间大约需要 20 min，后面温度快速下降。-20℃冷冻条件下鱼柳中心温度从室温降至 -5℃用时约 150 min，其中 0℃降至 -5℃时间大约需要 100 min。超低温冷藏明显比 -20℃冷藏的降温速率快，降低到

设定温度所用的时间也明显不同。温度快速的下降，对鱼肉的品质影响也就减少。

食品的温度降到 0℃ 以下冻结点时，食品内的水分开始形成冰晶。食品内 80% 的水分是在 -1℃ 至 -5℃ 温度范围内形成冰晶。冻结速度快，细胞内、外几乎同时达到形成冰晶的温度条件，此时在细胞内、外同时产生冰晶。这种冰晶的颗粒小，细胞内外压力一样，细胞膜稳定。降温速率大说明鱼柳在冷藏时能迅速通过冰晶区，可以形成许多微小细碎的冰晶体，避免被大冰晶损伤细胞组织。极小冰晶的形成不仅有利于保证鱼柳的品质和营养价值，而且能够很好地保持其鲜味及口感。研究表明，在 -80℃ 超低温冷藏条件下鱼柳能够快速通过冰晶区，最大限度地保留了鱼生产品的质量。因此，适宜在此条件下进一步展开对鱼生中寄生虫虫卵的灭杀。-80℃ 超低温冷冻装备可以具有较高的性价比，在生产应用中更加容易实现。

二、不同解冻条件对鱼生解冻时温度和解冻失水率的影响

不同冷冻温度对水产品品质的影响具有差异性。分别测定了 -20℃ 和 -80℃ 条件下鱼柳的物理特性的变化情况，指标包括了冷冻过程中的鱼柳温度的变化，解冻过程中鱼柳温度的变化（解冻时间的观察与测定），并对鱼片的失水率、质构方面进行相应的测定（图 8-17）。

食品的冻融损失是评价产品品质的一个指标，特别对于生鲜食品，冻融损失与产品的质量密切相关。在冷冻的鱼肉中细胞中自由水形成冰晶，致使细胞体积变大、细胞膜受损。当解冻时冰晶逐渐融化，细胞内部的自由水通过受损的细胞膜流出，导致鱼肉品质和口感丢失。本研究采用普通的流水解冻，鱼柳于流水解冻中的温度变化如图 8-17A 和 8-17B 所示，-20℃ 冷冻样品回复到 0℃ 大约需要 20 min，而 -80℃ 冷冻样品回复到 0℃ 大约需要 30 min。虽然 -80℃ 冷冻样品的温度回升耗时略长，但相比 -20℃ 冷冻，-80℃ 冷冻解冻速率明显占据优势。

鱼柳的解冻失水率如图 8-17C 所示，总的来说，随着冷冻时间的延长，两组鱼柳样品的解冻失水率也逐渐地增大。在冷冻 2 d 时，-80℃ 冷冻组的解冻失水率明显高于 -20℃ 冷冻组的。但值得注意的是，冷冻 3 d 和冷冻 4 d 两组的解冻失水率没有显著性差异。这表明超低温冷冻有利于鱼柳样品的长时间储存。

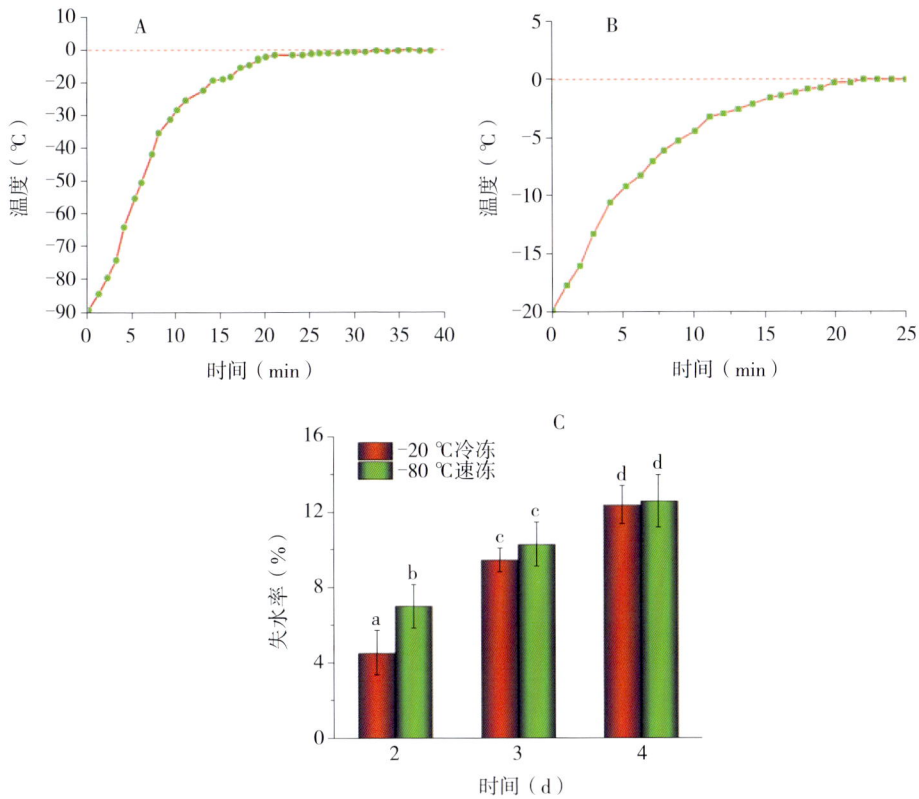

图 8-17 解冻温度对解冻失水率的影响

由于生活环境的不同,淡水鱼相比于海鱼更易滋生寄生虫,仅凭普通低温冰箱或冰柜的冷冻温度很难实现对鱼肉中寄生虫囊蚴的灭杀,从而导致食用淡水鱼鱼生存在一定的安全风险。本研究采用超低温冷冻法,对淡水鱼鱼肉进行超低温冰晶处理,评估了超低温冷冻对淡水鱼鱼生的品质与安全性。与 -20℃的低温冷冻相比,在 -80℃快速超低温冷冻下的鱼产品中会形成许多对组织细胞不具破坏性的小冰晶。由于超低温冷冻大大缩短了鱼肉通过冰晶生成区的时间,因此可以有效地防止大冰晶的生成,减少对鱼肉组织造成损伤,因而得以保持其品质。不同贮藏条件下鱼肉的解冻失水率和质构分析表明,与 -20℃的低温冷冻相比,虽然 -80℃超低温冷冻会一定程度的增加解冻损失率、降低鱼肉的硬度。但 -80℃超低温冷冻样品的解冻速率较快,同时鱼肉的弹性、咀嚼性、内聚力和恢复性没有变化。

超低温冷冻环境下对鱼柳中寄生虫囊蚴形态变化的试验中发现，在-80℃的超低温中经过12 h冷冻后，鱼生中的虫卵结构发生明显变形，并且受损严重，继续冷冻24 h后成功被灭杀。这表明-80℃的超低温冷冻技术能对其中的寄生虫囊蚴起到很好的灭杀效果。本试验表明超低温冷冻技术既可以最大限度地保持淡水鱼鱼生的风味和营养，也能保证鱼生等生食食材的安全性，这为淡水鱼鱼生的产业及市场发展提供了理论及技术支持。

三、超低温冷冻的鱼生解冻控制技术与解冻体系的构建

超低温冷冻相较于普通的低温冷冻，可以缩短冰晶的形成时间（图8-18），减少冰晶的尺寸，大大降低了鱼生原料在冷冻过程中造成的品质劣变，可以极大提升鱼生的品质特性。但是在解冻过程中，水分迁移的冰结晶可能加速蛋白质的变性和聚集，即使较小的冰晶也会对肌肉细胞造成不可逆的损伤，导致鱼的颜色变化、脂质氧化和蛋白质变性，从而降低产品的质量和经济价值。因此，鱼生的冻融损伤是影响超低温冷冻鱼生食材鲜度的一个关键因素，建立完善的冻融体系，是开拓冷冻鱼生市场必须要突破的一个技术瓶颈。

该体系根据鱼生加工的不同场景，对比研究三种常见的解冻方式，对鱼生从冷冻贮藏到解冻的整个过程进行了全面的温度监测和品质检测（图8-19）。第一是真空包装的鱼生原料在-80℃冷冻至室温解冻的过程进行温度监测和品质研究；第二是真空包装的鱼生原料从-80℃冷冻8 h转移至-20℃冷冻，随后转移至室温解冻的过程进行温度检测，发现-80℃转移至-20℃后，20 min左右温度迅速升至-20℃，转移至室温时采用流水解冻可在18 min左右使鱼肉中心温度达到0℃以上；第三是将-80℃冻贮8h后直接转入4℃，30 min内，鱼肉中心温度迅速升至-5℃，随后在冰晶形成区保持4~5 h，开始升至0℃以上。三种方案将超低温冷冻与其他低温冷冻相结合，精准监测在不同的贮藏模式下，鱼生原料冻融过程中温度的变化，对鱼生食材鲜度进行严格的把控，全面提升食材的质量品质。

第一和第二两种方案在解冻过程中采用了空气解冻、流水解冻（FT）、风冷加超声雾化解冻（WT）以及超声解冻（UT，20Hz）四种解冻模

式，相对于传统的空气解冻，FT、WT、UT 均能有效缩短解冻时间，使鱼生食材的温度快速穿过冰晶形成区，大大减少了肌肉细胞的损伤程度（图 8-20）。同时在鱼肉的弹性和咀嚼特性等质地上虽然相对于新鲜的食材有一定的下降，但是和传统的空气解冻没有明显的差异。其中 WT 的解冻处理，能够更大程度地减少蛋白质的变性和有效延缓了鱼肉脂质氧化，使鱼肉食材保持更好的鲜度和色泽以及风味（图 8-21）。该体系通过对三种方案在冻融过程中的品质和理化性质方面检测，建立了有效的适合鱼生的解冻技术和冻融模式，该技术成本较低，操作简便，在鱼生市场有较好的应用前景。

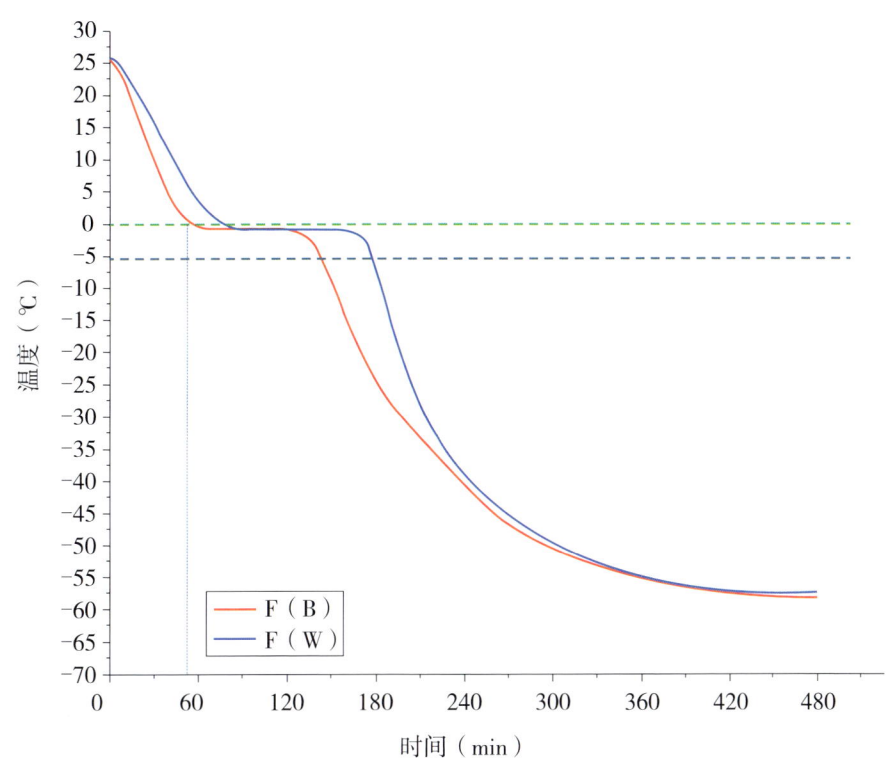

图 8-18　鱼生食材 -80℃保鲜的冷冻曲线

[F（B）：鱼块的流水解冻；F（W）：鱼柳的流水解冻]

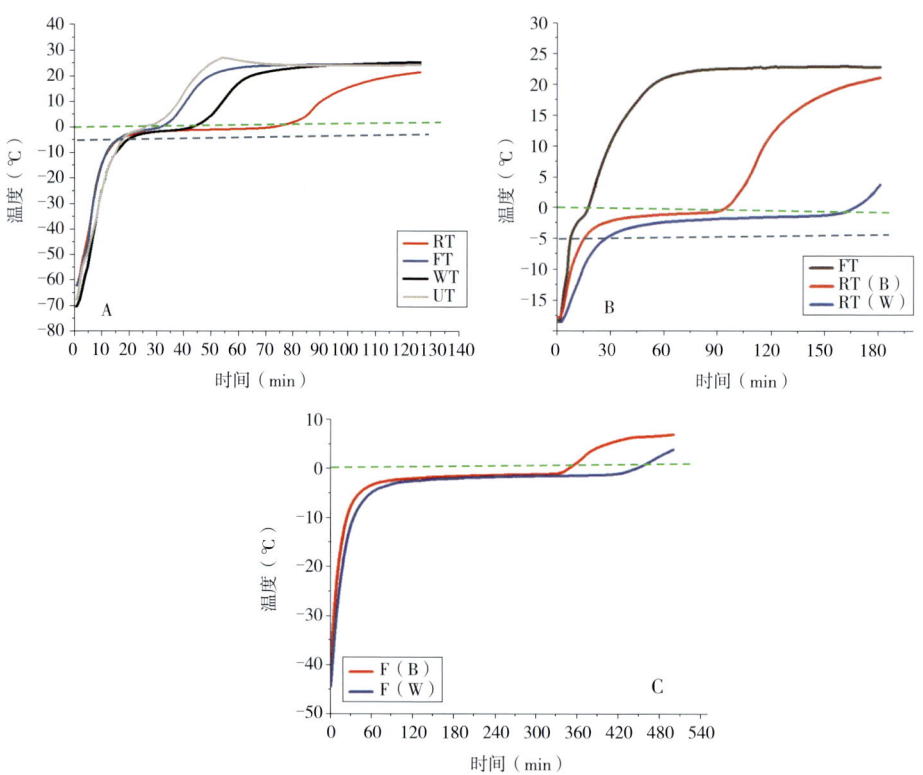

图 8-19 三种解冻方式的温度曲线

[RT：室温解冻；FT：流水解冻；WT：风冷解冻；UT：超声解冻；RT（B）：鱼块的室温解冻；RT（W）：鱼柳的室温解冻；F（B）：鱼块的流水解冻；F（W）：鱼柳的流水解冻]

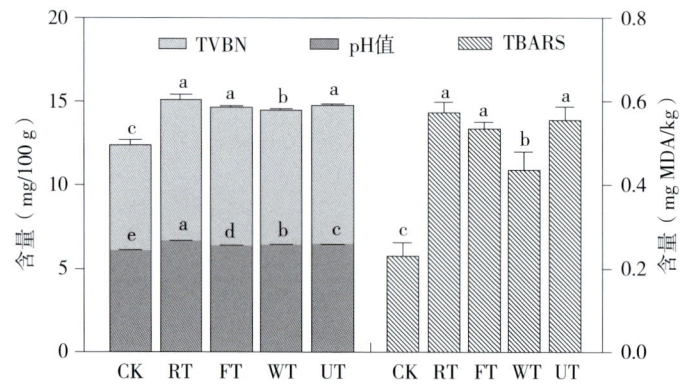

图 8-20 不同解冻方式处理的鱼生食材 pH 值、TVBN、TBARS 的变化

（TVBN：挥发性盐其氮值；TBARs：硫代巴比妥酸值；RT：室温解冻；FT：流水解冻；WT：风冷解冻；UT：超声解冻）

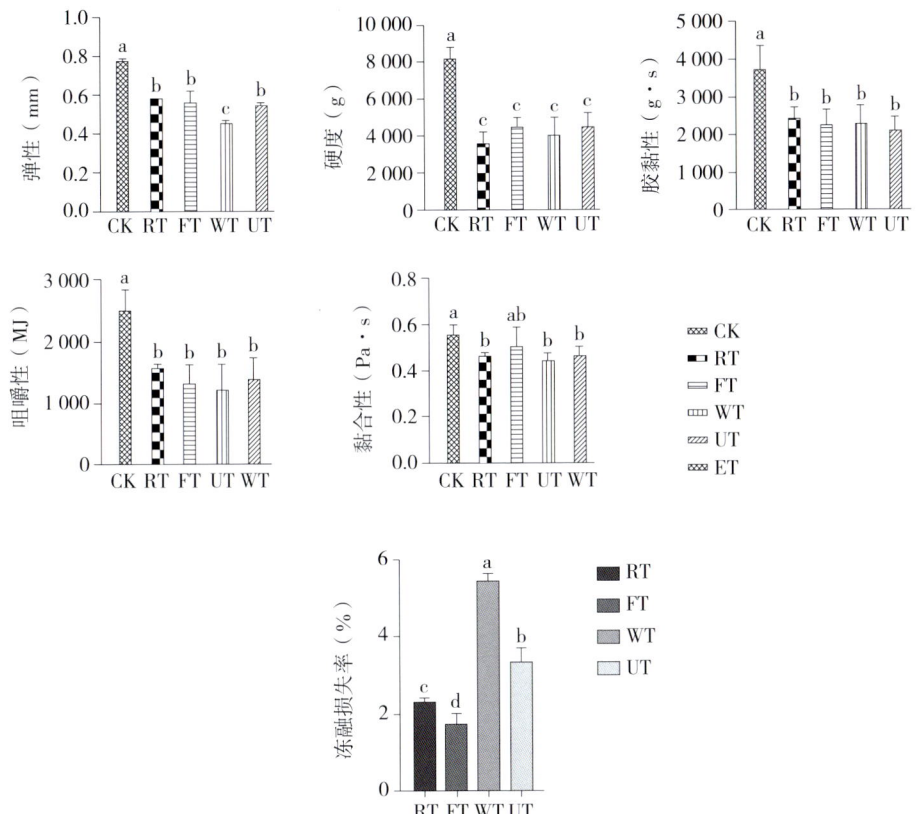

图 8-21　不同解冻方式处理的鱼生食材冻融损失率及质构特性的变化
（RT：室温解冻；FT：流水解冻；WT：风冷解冻；UT：超声解冻）

四、鱼生保鲜过程中品质的变化与控制关键技术与应用

（一）冷藏条件下生物保鲜剂对鱼肉品质影响研究

鱼生因能很好保留食物本身的风味、鲜度，极大程度的保留食物本身的营养价值而深受消费者喜爱，国内鱼生的食材主要以淡水鱼为主，常见的有草鱼、罗非鱼等，通过就近取材，现场宰杀来达到最佳的品质和口感，但是这种传统的制作方式耗时耗力，增加了产业成本的同时，也限制了鱼生市场的开发和产业的发展。淡水鱼水分含量高、内源酶多，极易腐败，对于鲜度品质有极高要求的鱼生来说，及时有效的保存方式就显得至

关重要。低温贮藏能够减弱或延缓鱼的体表微生物、酶活性和非酶作用等引起的鱼肉变质,但仍有较多的技术问题未得到解决。研究鱼生食材在低温保鲜过程中品质变化规律,选取适宜的低温保鲜方式,最大限度地维持鱼肉的口感、风味及营养等鲜度品质,具有较大的科研和应用价值。

笔者团队对不同种类的鱼生食材在4℃保鲜过程中品质的变化规律与控制技术进行了研究。4℃冷藏是货架期最常用的低温保鲜手段,针对草鱼和罗非鱼为原料的鱼生食材,以pH值、挥发性盐基氮(TVBN)值、硫代巴比妥酸值(TBARS)为鱼肉鲜度品质的评价指标,研究4℃低温下贮藏的鱼生食材的品质变化规律,探索食材的贮藏温度、贮藏时间以及耐藏性之间的关系,有助于精准把控鱼生保鲜过程中的品质变化。研究发现4℃下,新鲜草鱼的pH值在6.4左右,TVBN的含量为7 mg/100 g左右,TBARS的含量在0.4~0.5 mg MDA/kg之间;新鲜罗非鱼的pH值在6.8~6.9之间,TVBN和TBARS的含量分别在9 mg/100 g、0.6 mg MDA/kg左右,均高于草鱼的初始值(这除了种类不同,可能跟其养殖环境、宰杀方式等因素有关)。随着贮藏时间的延长,两种食材的pH值、TVBN含量、TBA含量均呈增高趋势,草鱼在4℃冷藏48 h后糖酵解反应生成乳酸和ATP,pH值开始下降,72 h未出现升高,表明4℃的草鱼鱼肉在贮藏3天内鱼肉的蛋白质变性程度较低,食材仍保留较高的营养价值,TVBN和TBARS含量的变化和pH值变化的结果相一致,其中冷藏48 h的草鱼鱼肉的TVBN含量远低于国家规定的一级鲜度最高值,仍能保证鱼生食材在鲜度方面给食客带来较好的体验感,冷藏72 h的草鱼鱼肉也未超过二级鲜度的标准。TBARS含量的增加可使鱼肉产生哈喇味,是影响鱼生品质的一个关键因素。有研究表明,TBARS值在不超过2.0 mg/kg范围内对产品的风味和口感不会造成很大影响,草鱼在4℃贮藏72 h,TBARS含量仅为0.8 mg MDA/kg,鱼肉仍能保持较好的风味和口感。罗非鱼鱼肉含有较高的蛋白质,在冷藏过程中,蛋白质变性较快,4℃冷藏48 h,TVBN的含量达到14 mg/100 g即超出了国家规定的一级鲜度的标准(TVBN≤13 mg/100 g),72 h超出了国家二级鲜度的标准(TVBN≤20 mg/100 g)。TBARS的含量在48 h后接近1.0 mg MDA/kg,脂肪酸氧化酸败严重,72 h已经远远超过规定的可接受鲜度。

低温只能抑制水产品中的微生物引起的腐败变质,而对于酶引发的水产品的变质抑制效果不佳。低温下的非酶褐变、脂肪酸氧化等化学反应对水产品品质影响仍然很大，近几年生物涂膜保鲜技术因其安全、操作简单而得到了越来越多的关注，大量天然保鲜剂如植物活性提取物、精油、壳聚糖和壳寡糖、细菌素、生物活性肽也因天然、高效、无毒副作用等众多优点得到广泛应用。将海藻糖、普鲁兰多糖、茶精油复配成生物保鲜剂具有较好成膜性和抗氧化性，能够显著抑制鱼肉脂肪的氧化，可有效保持草鱼鱼肉色泽，提亮色度。在罗非鱼和草鱼两种新鲜鱼肉表面进行涂抹处理，4℃贮藏的两种鱼肉的 TVBN 和 TBARS 含量与对照组相比均显著降低，且一直保持较低的水平，特别是草鱼鱼肉 3 d 内 TBARS 的含量一直保持在 0.6 mg MDA/kg，罗非鱼的 TVBN 含量在 72 h 内一直保持在国家规定的一级鲜度标准，由此可见复合的生物保鲜剂 TM 能够很好地延缓贮藏期间蛋白质降解速度和鱼肉脂肪的氧化酸败，结合草鱼鱼肉的质构特性和感官得分，进一步研究发现，经过 TM 处理，可以很好地保持鱼肉的硬度和回复性，降低其黏合度，使其保持新鲜的爽脆感（图 8-22、图 8-23）。

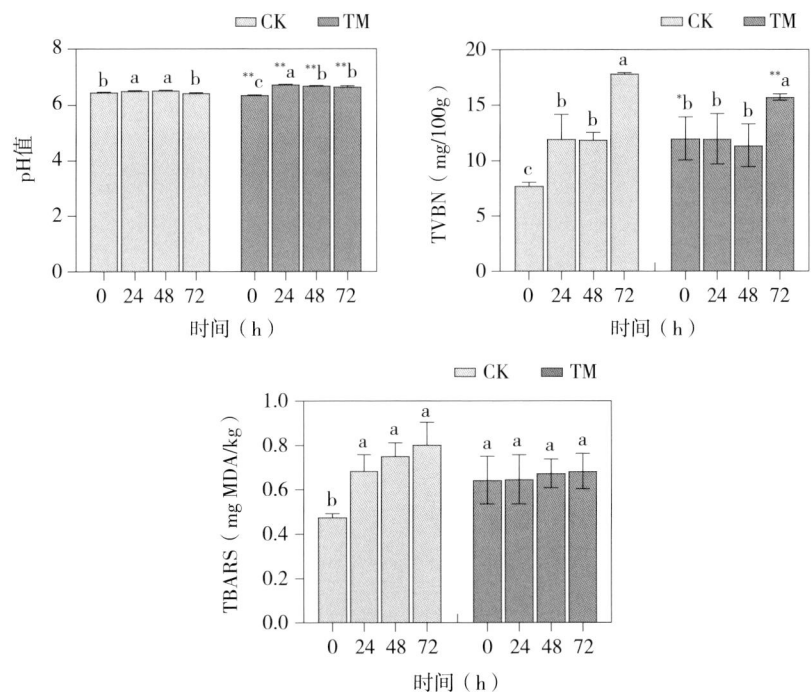

图 8-22 生物保鲜剂处理协同 4℃低温保鲜过程中草鱼鱼肉 pH 值、TVBN、TBARS 的变化

（CK：空白组；TM：生物保鲜剂组）

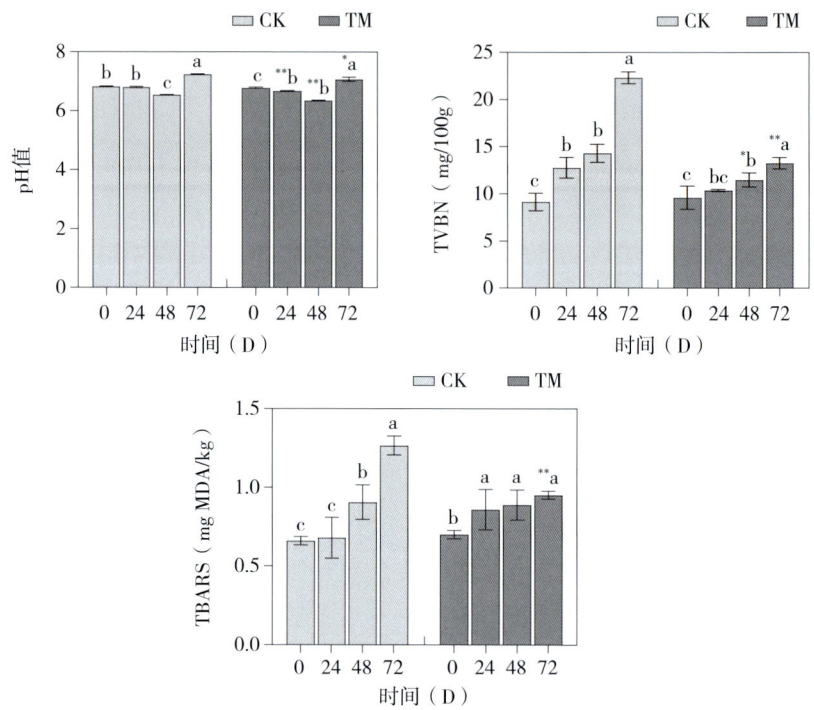

图 8-23 生物保鲜剂处理协同 4℃低温保鲜过程中罗非鱼鱼肉 pH 值、TVBN、TBARS 的变化

（CK：空白组；TM：生物保鲜剂组）

以色泽、气味、质地、外观和入口体验作为参考指标，成立专业的鱼生评价小组，对鱼生进行感官评价。经过复合保鲜剂处理的鱼肉整体感官得分有明显提高，且在整个贮藏期都保持着较高的得分，尤其在色泽和气味、质地上能够 24 h 保持和新鲜食材同样的感官得分（图 8-24、图 8-25），可以很好地延长专业人员处理食材的时间，保证短时间能够满足更多的消费者，降低了成本的同时，显著提高了其经济价值。结合涂抹后的鱼肉的理化特性，色度、质构等研究，以多糖和精油为原料的复合保鲜剂用于鱼生食材的保鲜，具有良好的应用前景和市场价值。

（二）-80℃超低温冻结技术与保鲜剂结合对鱼生品质的影响研究

冷冻保鲜，能保持水产品原有营养及风味，又能延长保质期，在水产品保鲜加工中应用极为广泛。一般采用 -18℃的冻藏温度易产生较大的冰晶，造成鱼肉组织结构破坏，蛋白质发生冷冻变性，鱼肉汁液流失、

第八章 淡水鱼生超低温冷冻安全加工技术体系构建与应用

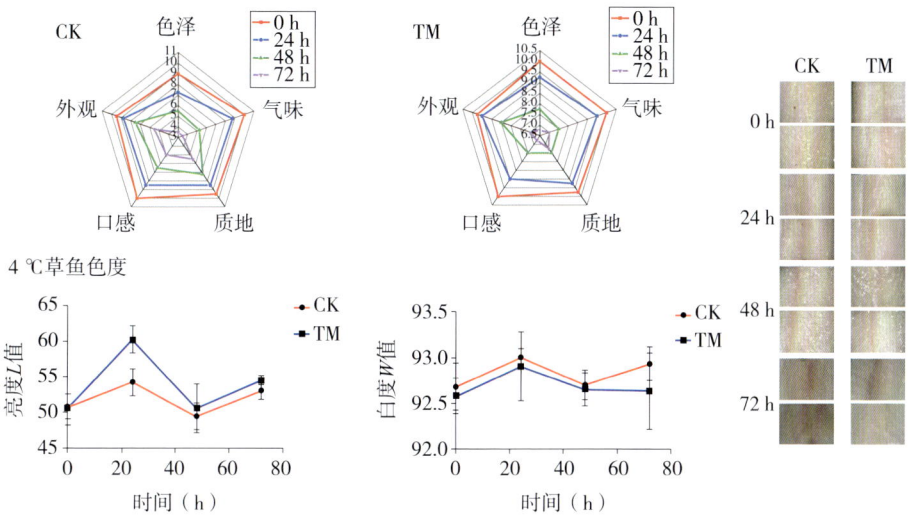

图 8-24 草鱼 4℃保鲜过程中的鱼肉色度等外观品质的变化及感官评价
（CK：空白组；TM：生物保鲜剂组）

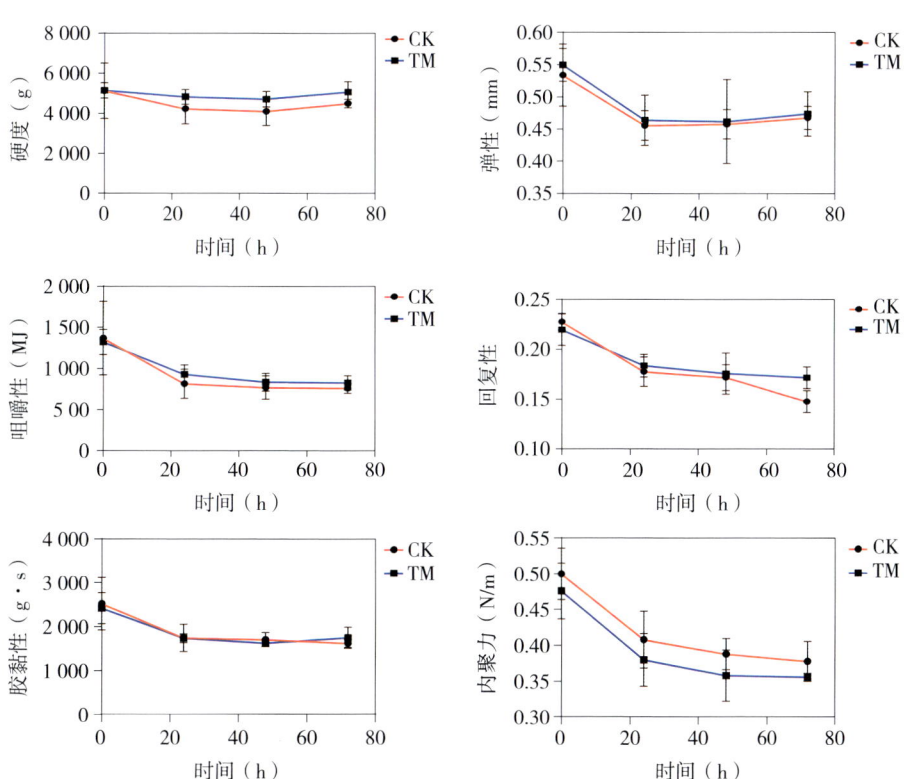

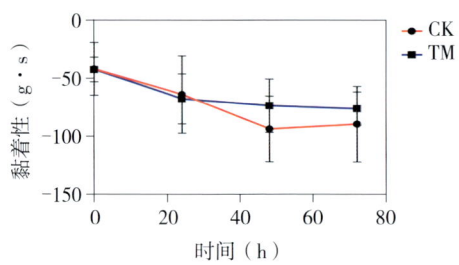

图 8-25　生物保鲜剂结合 4℃低温保鲜过程中对鱼肉质构特性的变化
（CK：空白组；TM：生物保鲜剂组）

营养成分损失，解冻后的鱼肉表面干燥、肉质松弛、口感变差，严重影响了鱼生食材的品质和经济价值。超低温冷冻可使鱼肉细胞内外生成细微冰晶，且分布均匀，在一定程度上减缓了蛋白质变性的速度，可以最大限度地保持鱼体原本的鲜度和鱼肉品质。研究草鱼和罗非鱼两种食材在 4℃下贮藏 3 d 和 -80℃超低温冷冻贮藏 14 d，鱼肉 pH 值、TVBN 和 TBARS 含量的变化（图 8-26、图 8-27），发现 -80℃超低温冷冻贮藏可以使鱼肉的 TBARS 和 TVBN 的含量延长到 14 d，且显著低于 4℃下鱼肉的 TBARS 和 TVBN 的含量，尤其适合蛋白质含量较高的罗非鱼鱼生食材的保鲜，超低温冷冻能够使蛋白质降解速度变缓，使罗非鱼在整个贮藏期 TVBN 的含量都低于 13 mg/100 g，保持一级鲜度标准。能够有效抑制鱼肉的脂肪氧化，减少鱼肉的酸败变质，防止产生异味，大大改善了贮藏期鱼生食材的鲜度品质，在鱼生市场有较好的应用前景。

草鱼抗冻机制的研究与产品研发：以 0.8% 的盐溶液为底物，结合多糖等多种天然活性物质复配的抗冻剂对草鱼鱼肉进行涂膜，研究复合保鲜抗冻剂提高草鱼持水性和质构品质的作用机制，经复合抗冻剂处理协同 -80℃作超低温冷冻后的草鱼与对照组相比，解冻损失率显著降低，持水力在两周内仍保持稳定状态，和初始值无显著差异。利用多糖等作为抗冻保护剂涂抹在鱼肉表面形成凝胶，具有黏附性、结合性，可防止因水分渗出导致的可溶性成分随之损失，造成肌肉营养品质下降，对保持鱼肉的感官品质有重要意义。

第八章　淡水鱼生超低温冷冻安全加工技术体系构建与应用

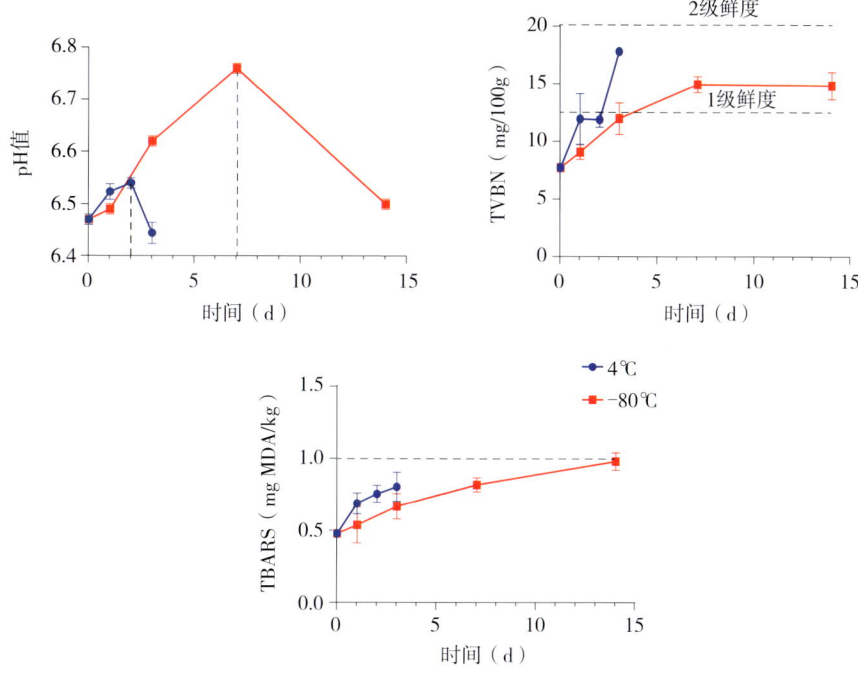

图 8-26　草鱼在不同温度下的低温保鲜过程中鱼肉理化性质的变化

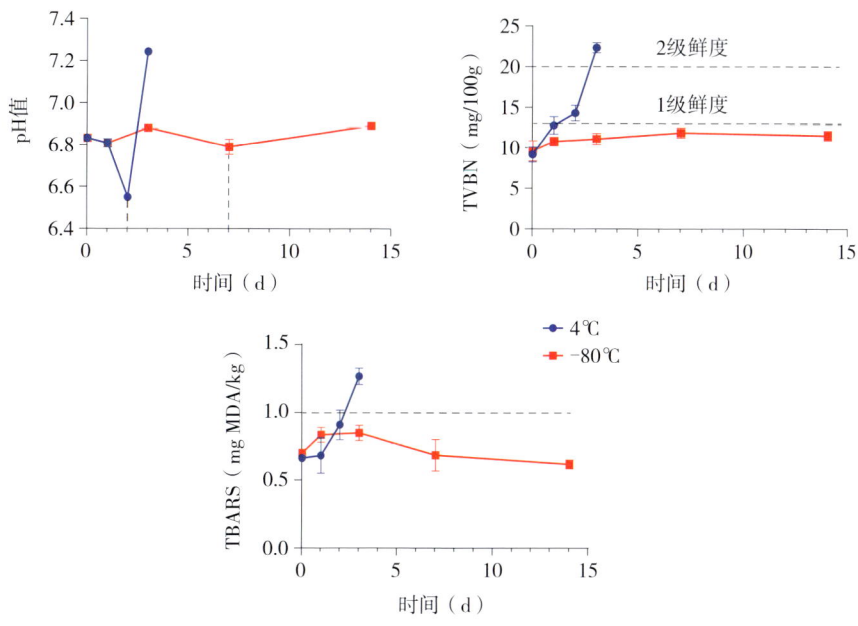

图 8-27　罗非鱼在不同温度下的低温保鲜过程中鱼肉理化性质的变化

（三）保水型抗冻剂的研究与应用

鱼肉持水力的变化与其质构品质密切相关；持水力降低，致使肉的嫩度降低，肉质变硬，表明鱼肉质构品质有所下降。-80℃贮藏的草鱼鱼肉在第 7 天硬度开始增大，但是经过 NaCl、海藻酸钠、多糖复配的保水型抗冻剂处理的草鱼鱼肉在整个贮藏期间硬度一直保持稳定，和初始硬度相比，无显著下降。含有多糖的抗冻剂与水分子之间可以形成更多的氢键，提高了鱼肉组织的稳定性，有效降低肌原纤维蛋白的冷冻变性程度。回复性和咀嚼性可以部分反映食物的口感，未处理组在弹性、内聚性和胶黏性、咀嚼性、回复性等方面均随着贮藏时间的增加下降，研究发现经过抗冻剂处理后，均能缓解鱼肉此项品质的下降，改善其回复性，从而改善食材的口感，抗冻剂具有很好的协同保鲜效果（图 8-28 至图 8-30）。

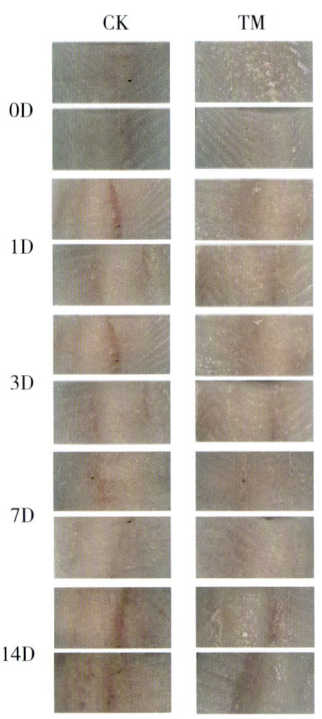

图 8-28　复合抗冻剂协同 -80℃超低温保鲜过程草鱼鱼肉外观品质的变化

（CK：空白组；TM：生物保鲜剂组）

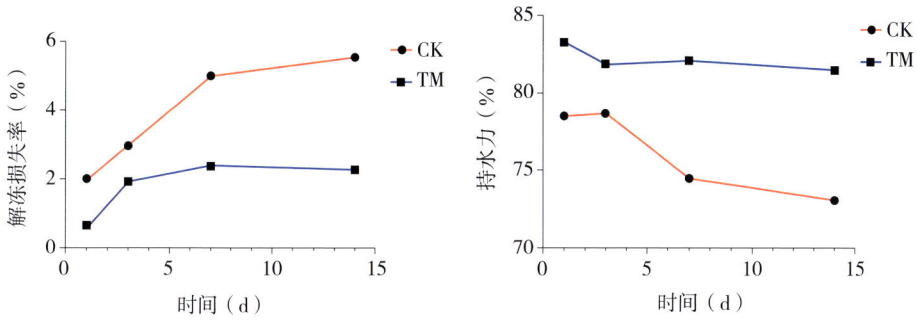

图 8-29　复合抗冻剂协同 -80℃超低温保鲜过程草鱼鱼肉水分含量的变化
（CK：空白组；TM：生物保鲜剂组）

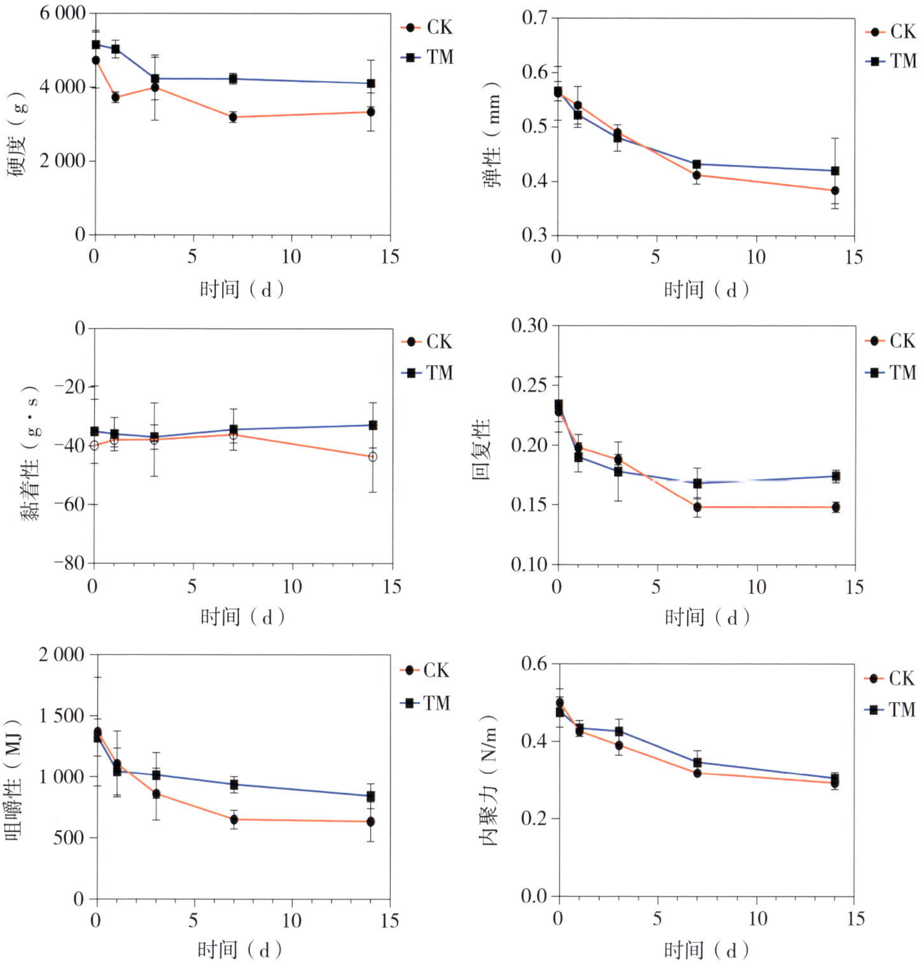

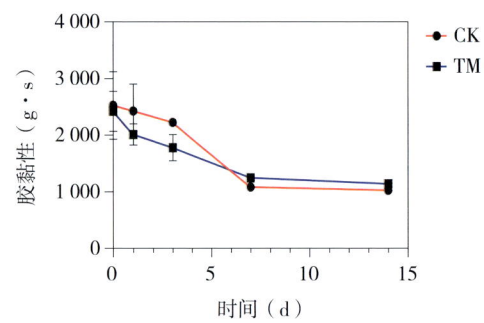

图 8-30　复合抗冻剂协同 -80℃超低温保鲜过程草鱼鱼肉质构特性的变化

（CK：空白组；TM：生物保鲜剂组）

（四）抗氧化型抗冻剂的研究与应用

颜色是判断肉品新鲜与否的重要属性，也是影响消费者购买欲的主要因素。肉质的色泽与冻藏温度有很大关系，经抗冻剂处理的 TM 组和未处理组在 -80℃贮藏 14 d 内，鱼肉白度 W 值随着贮藏时间的延长呈先下降后上升的趋势，跟亮度 L 值的变化结果一致，经过抗冻剂处理的鱼肉的亮度在整个贮藏期间都显著高于对照组，白度和对照组无明显差异，因此经过抗冻剂处理能够很好改善鱼肉的光泽，提高草鱼的外观品质（图 8-31）。

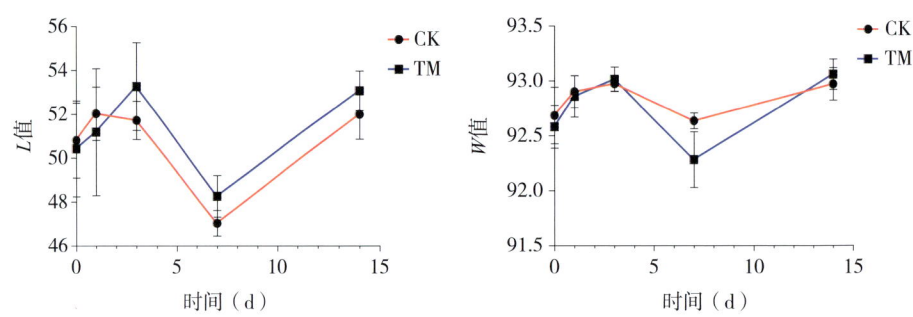

图 8-31　复合抗冻剂协同 -80℃超低温保鲜过程草鱼鱼肉 pH 值、
TVBN、TBARS 的变化

（CK：空白组；TM：生物保鲜剂组）

将超低温保鲜组和经过抗冻剂处理后在超低温下保鲜的草鱼鱼肉进行对比发现，抗冻剂 TM 协同超低温保鲜的草鱼鱼肉的 TVBN 和 TBARS 的含量显著低于超低温保鲜组，且一直保持缓慢增长的趋势，由此可见，抗冻剂 TM 具有较强的抗氧化效果,能够很好地抑制和减缓鱼肉蛋白和脂肪的氧化分解,保持贮藏期间鱼肉品质的稳定性(图 8-32)。与 -80℃超低温协同作用,可以大大提高鱼肉的保鲜效果。此外,以色泽,气味、质地、外观和入口体验作为参考指标,分别从视觉、触觉、嗅觉和味觉等方面对草鱼鱼肉进行感官评价,经过冷冻保鲜的鱼肉能够很好地保持草鱼的感官品质,结合抗氧化型抗冻剂处理使其在增个贮藏期保持 7 分以上的感官评分(图 8-33),进一步提高和改善了鱼生食材的鲜度品质,使其在视觉、味觉和嗅觉等方面给食客带来更好的体验感,更好地刺激市场消费,增加了经济效益。

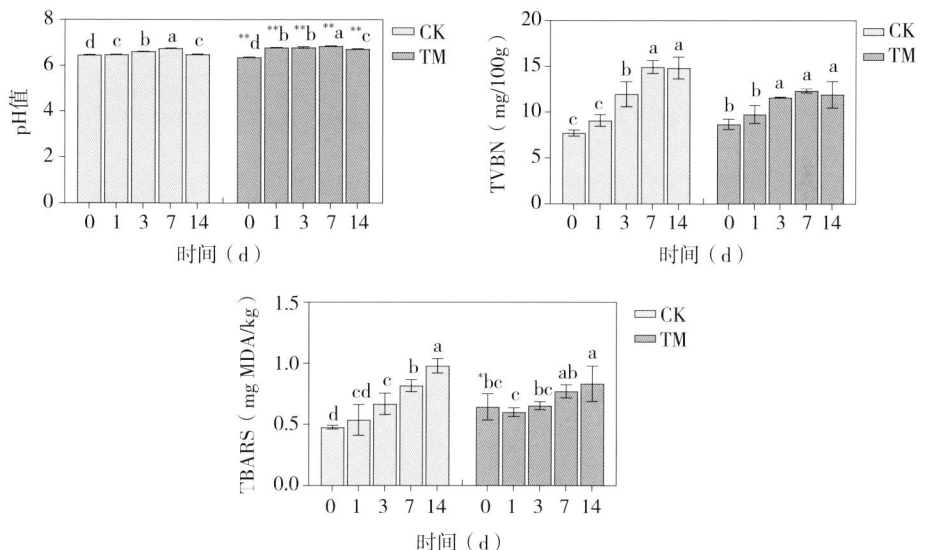

图 8-32　复合抗冻剂协同 -80℃超低温保鲜过程草鱼鱼肉外观色度的变化

(CK:空白组；TM:生物保鲜剂组)

含有多糖等天然成分的复合抗冻剂 TM,可以与水分子之间形成更多的氢键,提高了鱼肉组织的稳定性,有效降低肌原纤维蛋白的冷冻变性程度,保持食材的组织结构的稳定性,减少因冷冻造成的汁液流失和营养成分损失,同时具有较强的抗氧化作用,能有效地抑制鱼肉的脂肪氧化,改善鱼肉的色泽等外观品质,复合抗冻剂 TM 结合超低温冷冻,具有较强的协同保鲜效果,能够大大改善鱼生的鲜度品质,以高品质的鱼生食材满足各种消费渠道的需求,对于鱼生市场的开拓和发展,具有重要意义。

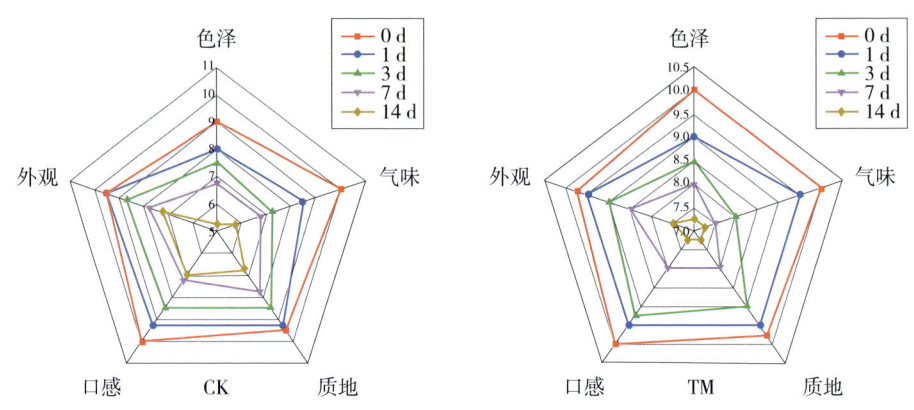

图 8-33 复合抗冻剂协同 -80℃超低温保鲜过程中的感官品质变化
（CK：空白组；TM：生物保鲜剂组）

五、鱼生保鲜过程中主要风味物质的变化与改良控制技术

风味是评价鱼肉品质的一项重要指标，也是消费者选择食品的主要依据之一，对鱼生食材的风味进行分析及改良控制具有重要的科学及产业价值。

（一）草鱼保鲜过程中风味特征的变化与改良运用

采用固相微萃取，气相色谱－质谱分析（GC-MS）检测 4℃和 -80℃下不同贮藏时间的草鱼鱼肉的挥发性风味成分变化，新鲜草鱼主要检测出 6 种化合物，分别是 1-壬醇、3-辛醇、正己醇、1,10-癸二醇、正戊醇，这些成分赋予新鲜鱼肉特殊的香味，是对鱼肉风味影响较大的几种成分。在 4℃贮藏，随着贮藏时间的延长草鱼鱼肉挥发性成分的种类也随之增多，贮藏 3 d 的鱼肉其化合物增加了 15 种，主要是醇、醛、酮三类，醇类化合物对鱼肉风味的影响不如挥发性醛类，对整体气味有协同作用。醛酮类化合物的产生是鱼肉脂质氧化降解的产物，但是酮类物质一般具有花香气味，新增的醛类物质中壬醛、正庚醛、正辛醛、肉豆蔻醛被认为是鱼肉腥味的主要物质，但也同时产生一些香甜十三醛、十五醛、十八醛等醛类物质，通过 -80℃超低温冷冻贮藏草鱼鱼肉，可以抑制或减缓这些醛类物质的产生，其贮藏 14 d 检测出的醛类成分和 4℃贮藏 3 d 的种类相同，但-80℃在冷冻贮藏过程中也较4℃冷贮藏的鱼肉多了一种带有玫瑰香味的正辛醇（表8-2）。将含有多糖、精油等天然成分的保鲜剂TM涂抹鱼肉，可以抑制肉豆蔻醛、正庚醛等腥味物质的产生。结合-80℃超低温贮藏产生月桂醛和香茅醛在改善和修饰风味的同时，还有抑菌作用，随着贮藏时间的增加，具有腥臭味的正己醛也消失了，可见生物保鲜剂TM与-80℃超低温协同保鲜有显著的改善贮藏期间产生腥臭味的问题，大大改善了鱼生食材的感官品质。

表8-2 草鱼不同保鲜方式下鱼肉的挥发性成分的变化情况

处理组	新鲜	4℃、3 d 增加	-80℃、3 d 增加	-80℃、14 d 增加
CK	1-壬醇、3-辛醇、正己醇、1,10-癸二醇、正戊醇、正己醛	8种醛类（十三醛、十五醛、肉豆蔻醛、十八醛、苯甲醛、壬醛、正庚醛、正辛醛）；6种醇类（4-萜烯醇、异胡薄荷醇、异蒲勒醇、桉叶油醇、正庚醇、香茅醇）和1种酮类（6-甲基-2-庚酮）	5种醛类（十三醛、十五醛、正辛醛、正庚醛、壬醛）；6种醇类（香茅醇、4-萜烯醇、异胡薄荷醇、异蒲勒醇、正辛醇、正庚醇）；1种酮类（6-甲基-2-庚酮）	8种醛类（十三醛、十五醛、肉豆蔻醛、十八醛、壬醛、正辛醛、正庚醛、苯甲醛）；7种醇类（4-萜烯醇、异胡薄荷醇、异蒲勒醇、桉叶油醇、正庚醇、香茅醇、正辛醇）和1种酮类6-甲基-2-庚酮
TM	正戊醇、1,10-癸二醇、正己醇、正庚醇、3-辛醇、1-壬醇、正己醛	4种醛类（正己醛、正辛醛、苯甲醛、壬醛）；5种醇类（4-萜烯醇、异蒲勒醇、异胡薄荷醇、桉叶油醇、香茅醇）	9种醛类（十三醛、十五醛、正辛醛、正庚醛、壬醛、苯甲醛、肉豆蔻醛、十八醛、香茅醛）；5种醇类（4-萜烯醇、异蒲勒醇、异胡薄荷醇、桉叶油醇、香茅醇）	8种醛类（十三醛、十五醛、正辛醛、正庚醛、壬醛、肉豆蔻醛、月桂醛、香茅醛）；5种醇类（4-萜烯醇、桉叶油醇、异蒲勒醇、异胡薄荷醇、香茅醇）

注：CK为空白组；TM为生物保鲜剂组

（二）淡水鱼保鲜过程中主要风味特征的变化与控制技术

采用固相微萃取，气相色谱-质谱分析（GC-MS）检测4℃和-80℃下不同贮藏时间的罗非鱼鱼肉的挥发性风味成分种类变化，研究不同保鲜方式对鱼肉风味品质的影响，相比于新鲜罗非鱼鱼肉，在4℃贮藏3 d的罗非鱼鱼肉中正己醛、正乙醇、3-辛醇三种新鲜鱼肉的主要风味物质消失，其他的烃类等化合物增多。利用超低温-80℃冷冻保鲜，可以很好地使这些鲜味物质保持下来，改善贮藏期间食材因腐败变质引起的风味变差。与保鲜剂结合保鲜，可以抑制壬醛等腥味物质的产生，使鱼肉能够更好地保持鲜味（表8-3）。以多糖、精油等天然成分复配的保鲜剂 TM 涂膜鱼肉，在4℃下可以减少壬醛类物质产生，减弱鱼肉的腥味，与-80℃协同作用，可以减少一些羟类化合物生成，更好地改善鱼肉的风味口感，提高其产业价值。

表8-3 罗非鱼不同保鲜方式下鱼肉的挥发性成分的变化情况

处理组	新鲜	4℃、3 d 新增	-80℃、3 d 新增	-80℃、14 d 新增
CK	醛类（正己醛、壬醛）醇类（正己醇、2-乙基己醇、3-辛醇、4-萜烯醇）；其他类（4-甲基辛烷、6-甲基环三硅氧烷、12-甲基环六硅氧烷、正十二烷、正十四烷、十五烷、正十六烷、正十烷、正十九烷）	醛类（壬醛）醇类（桉叶油醇、4-萜烯醇、异蒲勒醇、异胡薄荷醇、香茅醇）；其他类（正十二烷、正十三烷、正十四烷、十五烷、正十六烷、正十七烷、正十九烷、4-甲基辛烷、6-甲基环三硅氧烷、12-甲基环六硅氧烷、14-甲基环七硅氧烷、环五聚二甲基硅氧烷）	醛类（正己醛、壬醛）；醇类（正己醇、3-辛醇、香茅醇、4-萜烯醇、2-乙基己醇）；其他类（正十二烷、正十四烷、十五烷、正十七烷、正十九烷、二十烷、4-甲基辛烷、6-甲基环三硅氧烷、12-甲基环六硅氧烷、环五聚二甲基硅氧烷）	醛类（正己醛、壬醛）；醇类（正己醇、3-辛醇）；其他类［正十二烷、正十四烷、正十五烷、正十六烷、正十七烷、正十九烷、12-甲基环六硅氧烷、(+)-柠檬烯六甲基环三硅氧烷、环五聚二甲基硅氧烷］
TM	醛类（正己醛）；醇类（正己醇、3-辛醇、桉叶油醇、4-萜烯醇、异蒲勒醇、异胡薄荷醇）其他类（正十二烷、正十三烷、正十四烷、正十五烷、正十六烷、正十九烷、14-甲基环七硅氧烷、6-环三硅氧烷、环五聚二甲基硅氧烷）	醇（桉叶油醇、4-萜烯醇、异蒲勒醇、异胡薄荷醇、香茅醇）；其他类（正十二烷、正十四烷、十五烷、正十六烷、正十七烷、正十九烷、二十烷、二十一烷、4-甲基辛烷、12-甲基环六硅氧烷、6-甲基环三硅氧烷、环五聚二甲基硅氧烷、14-甲基环七硅氧烷、2,2,4-三甲基-1,3-戊二醇二异丁酸酯）	醛类（正己醛）醇类（正己醇、3-辛醇、4-萜烯醇、桉叶油醇、异蒲勒醇、异胡薄荷醇、香茅醇）；其他类（正十二烷；正十三烷、正十四烷、十五烷、正十六烷、正十七烷、正十九烷、12-甲基环六硅氧烷、14-甲基环七硅氧烷、6-甲基环三硅氧烷、环五聚二甲基硅氧烷）	醛类（正己醛）；醇类（正己醇、3-辛醇、4-萜烯醇、桉叶油醇）；其他类（正十二烷、正十三烷、正十四烷、正十五烷、正十六烷、4-甲基辛烷、6-甲基环三硅氧烷、12-基环六硅氧烷）

注：CK（空白组），TM（生物保鲜剂组）

第五节 寄生虫囊蚴显微镜快速检测技术

本研究既要明确鱼肉中是否存在寄生虫囊蚴感染情况，又要评估不同的灭杀处理技术对寄生虫囊蚴活性的影响。另外，考虑到在餐饮门店需要快速检测才能应用的要求，依据国家标准《食品安全国家标准 动物性水产制品》(GB 10136—2015)的检测方法，经过大量试验，极大缩短了检测时间，建立了鱼生中寄生虫囊蚴的显微镜检测法。

首先制备人工消化液，将胃蛋白酶（索莱宝CAS：9001-75-6）15～20 g溶于0.9%生理盐水，加入7 mL浓HCL，定容至1 L，放置15 min后备用。

再取适量鱼肉用组织捣碎机打碎低速至锥形烧瓶中，以1∶10比例加入消化液，充分搅拌于40℃恒温摇床（100 r/min）。使鱼肉充分消化，吸去上清液，再加适量0.9%生理盐水重悬，使用离心机8 000 r/min，10 min，重复清洗，直至上清透明，沉淀备用（图8-34）。

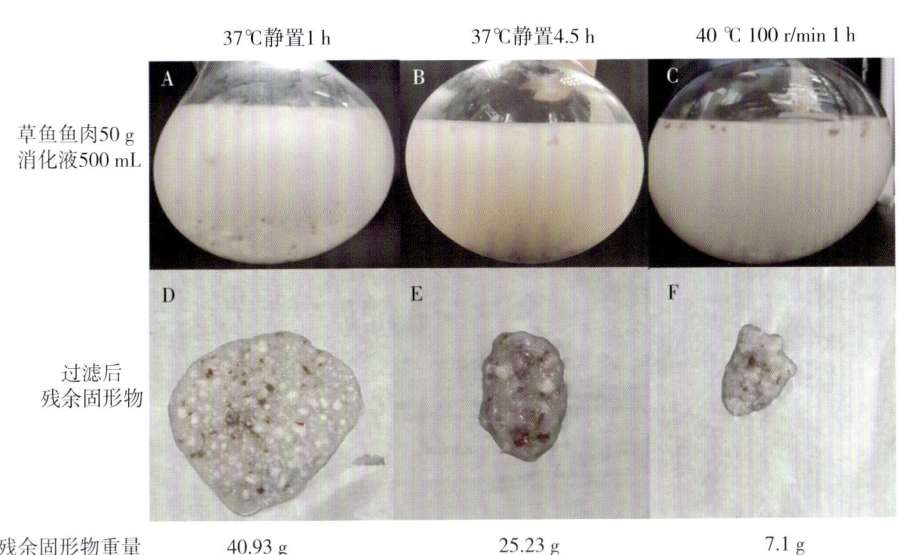

图8-34 本技术的鱼肉消耗过程

最后将沉淀滴加到显微镜载玻片上，置于显微镜下观测。如鱼肉中有寄生虫囊蚴，可很快观测到。如没有，也可很快确定结果。

本方法与国标不同之处：

（1）本方法使用胃蛋白酶（索莱宝 CAS：9001-75-6），水中最大溶解度为 2%，酶活 3 000～3 500 NFU/g，最适温度 40～45℃，最适 pH 值 2.5～3.5。

（2）本方法使用胃蛋白酶的最适温度在 40～45℃，因此，为保证消化效率，温度选择为 40℃，高于国标的 37℃。

（3）本方法使用是 0.9% 无菌生理盐水，为保障囊蚴内外渗透压，国标使用无菌蒸馏水。

（4）本方法使用恒温摇床消化，效果优于国标中静置。

（5）本方法使用离心方式收集沉淀，效果优于国标中静置后收集沉淀。

使用本技术方法，可以在 1 h 内快速检测鱼生中寄生虫囊蚴是否存在，满足餐饮门店的使用需要。

寄生虫囊蚴如具有较好的生物活性，其形态大致呈现圆形、椭圆形等形状，外观清晰，在显微镜下可看到细胞器有规律运动。寄生虫囊蚴如死亡，在显微镜下可看到囊蚴壁破裂、内容物外泄等情况（图 8-35）。

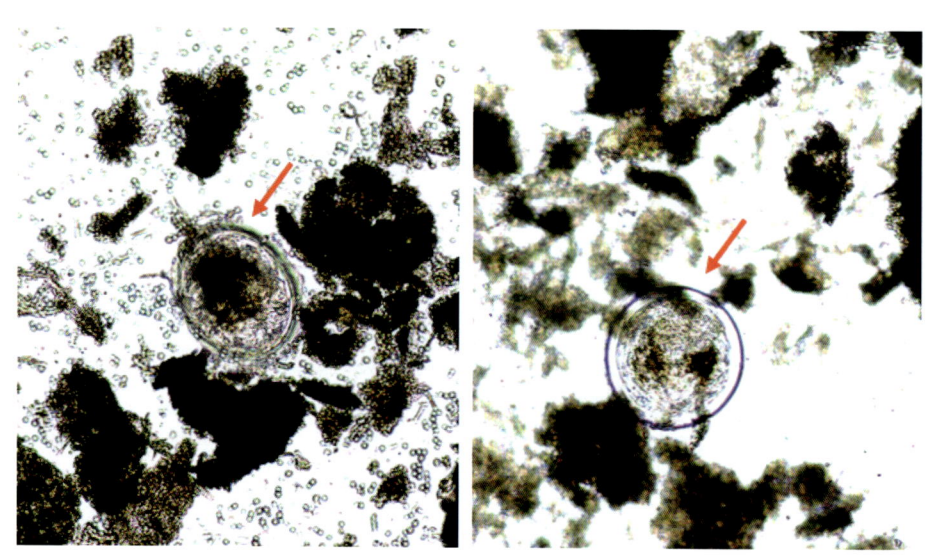

图 8-35　显微镜下鱼肉中寄生虫囊蚴形态

第六节　鱼生安全加工技术规程

根据以上研究，制定鱼生安全加工技术规程，已在生产中应用。

1. 选料

鲜活草鱼：鱼鳞光泽、完整，鱼鳃鲜红，体重 2～3 kg。

2. 原料前处理

原料前处理前应认真检查原料，感官性状异常的原料不得加工和使用。盛放原料的容器应保持清洁，不得与地面或不洁面接触。粗加工前后的盛放容器应有明显标志予以区分，不得混用。放血方式宜使用斩去鱼尾，使鱼游动放血、加厚不锈钢鱼生放血针放血等，可使顺德鱼生肉色雪白、肉质清爽可口。原料经过放血、剖腹、剔除非食用部分、清洗处理干净后，方可传递进专间进行成品加工。

3. 鱼生成品安全加工

成品加工应在专间内操作，专间内温度不得高于 25℃。顺德鱼生的加工应按"五专"操作：专间、专人、专用容器工具、专用冷藏设施、专用消毒设施。鱼、鱼生配菜和蔬菜等食品原料应清洗处理干净后，方可传递进专间。预包装食品和一次性餐饮具应去除外层包装并保持最小包装清洁后，方可传递进专间。在专用冷冻或冷藏设备中存放食品和配料时，宜将食品放置在密闭容器内或使用保鲜膜等进行无污染覆盖。鱼生安全加工制作时，首先去骨刺后用刀具把鱼肉分成鱼柳。用鱼生吸水棉布或吸水餐巾纸，将鱼肉表面水分吸干。将涂膜保鲜液喷涂到鱼柳的表面。将鱼柳装入真空袋，密封后抽真空。在保鲜袋上标识时间和日期，时间精确到小时。将真空袋放置于 -80℃ 的超低温冷柜中，至少放置 12 h，取出后放置于 -18℃ 备用。

4. 解冻

开餐前 20 min 将真空袋中鱼柳用流水解冻或自然解冻。

5. 切片

将解冻后的鱼柳切成薄片。

6. 配料

加工后的顺德鱼生应符合以下品质要求：鱼片厚薄均匀、肉质透明无杂质、无鱼腥味。口感清、鲜、爽、嫩、滑。摆盘整齐美观。进食时依季节和食材的不同，佐以腌姜丝、葱丝、酸萝卜丝、炸芋丝、炸粉丝、炸花生米、炒香芝麻、柠檬叶丝、彩椒丝、蒜片、花生油、盐、白糖等多种鱼生配菜，其风味基本集齐了鲜、香、咸、甜、辣等各种味道。

第七节　鱼生安全加工技术的推广和应用

"淡水鱼生超低温冷冻安全加工技术体系创建与应用"成果已通过技术鉴定（图8-36）。本成果的研究技术集成应用到鱼生的实际操作中，制作的鱼生抽样送到第三方检测机构，多份检测报告显示都没有检测出寄生虫囊蚴（图8-37）。目前，鱼生安全加工技术在顺德和广西的餐饮企业应用（图8-38、图8-39）。淡水鱼生安全技术体系还在广东珠海海鲈鱼生产业中推广应用。

图8-36　安全鱼生成果鉴定会

第八章 淡水鱼生超低温冷冻安全加工技术体系构建与应用

图 8-37　鱼生安全加工技术应用到淡水鱼后的检测报告

图 8-38 顺德北滘德云居放心鱼生

图 8-39 广西安全鱼生连锁店（卢俊羽 供图）